Inhalt

1. Grundlagen

2. Planung einer Photovoltaik-Inselanlage

3. Planung einer Photovoltaikanlage zur Netzeinspeisung

4. Ausführung

5. Prüfung, Betrieb und Wartung

6. Anhang

1.1 Daten und Fakten zur Photovoltaiktechnik

Die Sonne ist der zentrale Punkt in unserem Sonnensystem, der durch seine große Masse (333.660 Erdmassen) die Planeten sowie zahlreiche Kleinkörper auf kreisähnlichen Bahnen hält. In ihrem Inneren läuft ein ständiger Kernfusionsprozess, der im Sonnenkern eine Temperatur von 15 Millionen Grad Celsius und einen Druck von 200 Milliarden bar erzeugt. Die Masse der Sonne beträgt 99 % unseres Sonnensystems. Mit einem Radius von 696.000 km (109 Erdradien), besteht der hell leuchtende Stern aus etwa 75 % Wasserstoff, 23 % Helium und 2 % schwereren Elementen.

Die Intensität der Sonnenstrahlung außerhalb der Erdatmosphäre ist aufgrund der sich mit den Jahreszeiten ändernden Entfernungen von Sonne und Erde geringen Schwankungen unterworfen (+/- 1,7 %). Der Mittelwert (Solarkonstante = E0) liegt bei 1,367 kW/m^2. Auf der Erdoberfläche wird dieser Wert nicht erreicht, da die Atmosphäre die Solarstrahlung durch Reflexion, Absorption und Streuung reduziert (Bild 1.1.1). Nahezu unabhängig vom Standort auf der Erde wird um die Mittagzeit bei wolkenlosem Himmel eine Bestrahlungsstärke von etwa 1.000 W/m^2 erreicht. Die Sonneneinstrahlung liefert uns pro Jahr eine Energie von 220.000 Billionen kWh, über das 2.500-fache des Energieverbrauchs der Weltbevölkerung. Summiert man den Wert der Sonneneinstrahlung an einem Ort über ein Jahr, so erhält man die jährliche mittlere Globalstrahlung in kWh/m^2. In Deutschland liegt diese Sonneneinstrahlung zwischen 900 und 1.200 kWh/m^2 im Jahr. Damit strahlt auf die Bundesrepublik Deutschland immer noch halb so viel Energie ein, wie in den sonnenreichsten Gebieten der Erde, zu denen zum Beispiel Mittelamerika, die Wüste Sahara, Südafrika, Saudi-Arabien und Nordaustralien zählen. Zu berücksichtigen ist, dass in Deutschland im Sommerhalbjahr ca. 80 % der jährlichen Sonnenenergie anfallen.

Bild 1.1.1

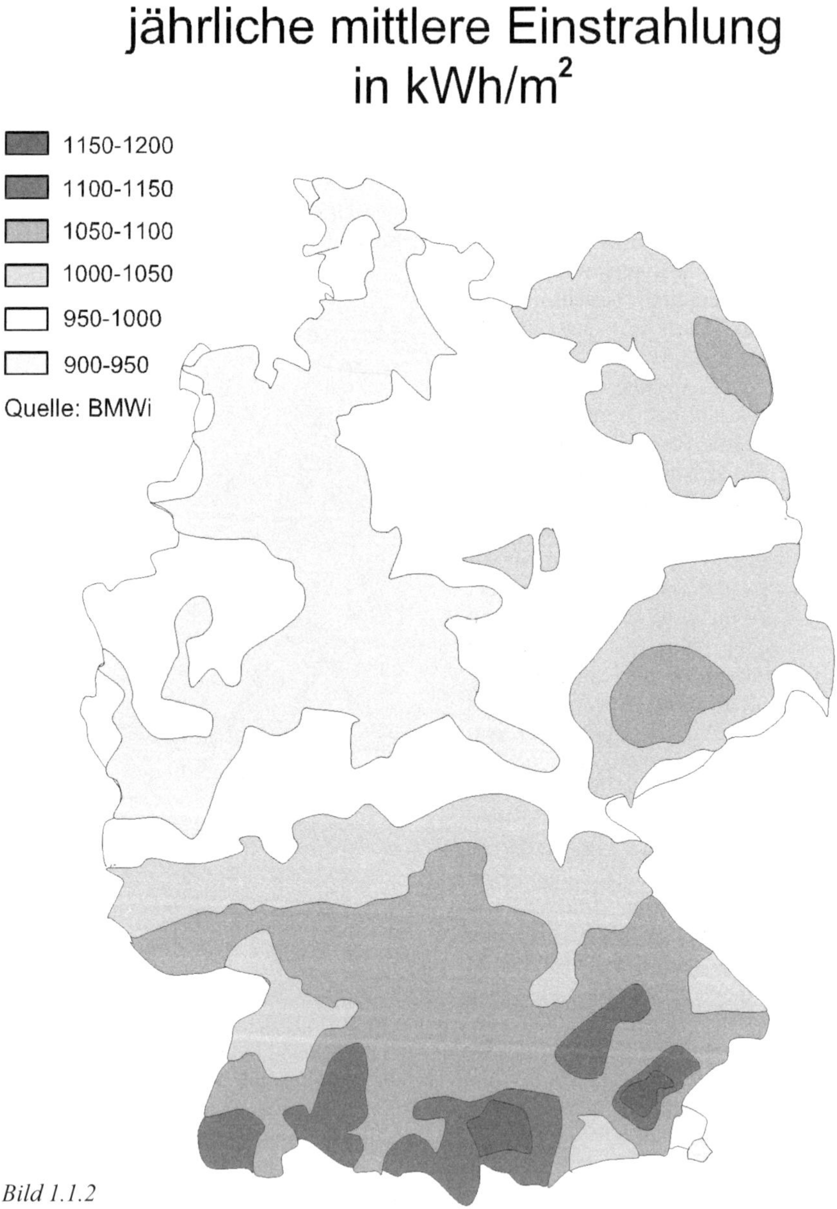
jährliche mittlere Einstrahlung
in kWh/m²
1150-1200
1100-1150
1050-1100
1000-1050
950-1000
900-950
Quelle: BMWi

Bild 1.1.2

Das Bild 1.1.2 zeigt die regionale Verteilung der Globalstrahlung in Deutschland basierend auf den mittleren Jahreswerten von 1981 bis 1994. Diese Grafik gibt zu erkennen, dass Einstrahlungswerte in Süddeutschland geringfügig über den norddeutschen Werten liegen.

Bild 1.1.3

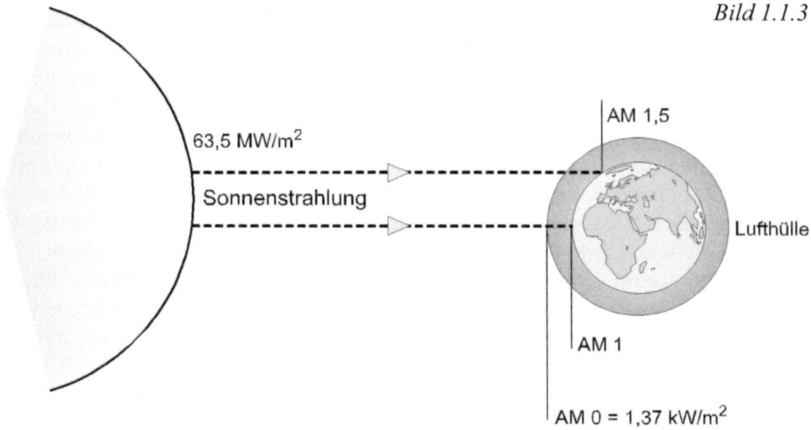

AM 0 = Luftmasse 0 = 1,37 kW/m^2

AM 1,5 = Südbayern = 1 kW/m^2 = ca. 1300 kWh/m^2 Sonnenenergie pro Jahr

Die Wellenlänge des Solarspektrums liegt zwischen 240 nm und 1700 nm, dabei liegt der Teil des sichtbaren Sonnenlichts zwischen 400 nm und 800 nm. Die Solarzelle nutzt aber auch Teile der ultravioletten und infraroten Sonnenstrahlung außerhalb des Bereiches, der für das Auge des Menschen sichtbar ist. Der Wert AM (Air Mass - Atmosphärische Massenzahl) gibt Auskunft darüber durch wieviel Luftmasse die Strahlung hindurch geht (Bild 1.1.3)

- AM 0 gilt für die Strahlung im Weltraum.
- AM 1 bezeichnet die Strahlung, die senkrecht am Äquator auf NN (NN = Meeresspiegel) fällt.
- AM 1,5 ist der Wert, der unter einem Winkel von 41,5° gegen den Horizont einfällt und damit eine 1,5-fach größere Luftmasse durchstrahlt.

Der Wert AM 1,5 ist wichtig, weil er eine der Bezugsgrößen ist, die zur normierten Charakterisierung von Solarzellen dient. Die geographische Breite ist ein ebenso wichtiger Faktor. So kann am Äquator (Breitengrad 0) für den Jahresdurchschnitt mit einem Wert der täglichen Globalstrahlung gerechnet werden, der um das 1,8fache höher ist als der für Mitteleuropa.

1.2 Die Solarzelle

Die Umwandlung von Sonnenlicht in elektrische Energie nennt man Photovoltaik. Dieses Wort ist abgeleitet vom griechischen „Photon“, das soviel wie Licht bedeutet und vom Namen des italienischen Physikers Alessandro Volta, nach dem die Maßeinheit der elektrischen Spannung benannt wurde. Zur Umwandlung der Sonnenenergie in elektrische Energie benötigen wir eine Solarzelle, den Grundbaustein jeder Photovoltaikanlage. Die Solarzelle ist ein Minikraftwerk, das Dampfkessel, Turbinen und herkömmliche Generatoren ersetzt. Sie wandelt Sonnenenergie direkt in Gleichstrom um, ohne dass dazu fossile Energieträger wie Öl, Kohle oder Gas nötig sind.
Die Solarzelle nutzt den seit über 160 Jahren bekannten Photoeffekt zur Elektrizitätserzeugung. Der französische Physiker Alexander-Edmond Becquerel stellte 1839 fest, dass zwischen zwei Elektroden, die er zuvor in ein Säurebad getaucht hatte, ein Strom floss, sobald er eine Elektrode dem Licht aussetzte. Der deutsche Physiker Heinrich Herz entdeckte 48 Jahre danach, dass zwischen den zwei Elektroden eines Funkeninduktors der elektrische Funkenüberschlag leichter zustande kam, in dem er eine Elektrode mit ultraviolettem Licht beleuchtete.
Nähere Untersuchungen dieses Phänomens ergaben, dass auch eine mit UV-Licht bestrahlte Zinkplatte einen schwachen Strom erzeugen kann. Eine vernünftige Erklärung für diesen Effekt konnte erst Albert Einstein abgeben, für die er 1921 den Nobelpreis erhielt. Einstein ergänzte seine Quantentheorie mit der Wellentheorie des Lichts, nach der sich das Licht als elektromagnetische Schwingung und als Abfolge von energiereichen Teilchen, den Photonen, erklären lässt. Jedes Teil, das wir dem Licht aussetzen, wird von diesen Photonen beschossen. Dabei lösen die Photonen einzelne Elektronen aus ihrem atomaren Verbund, wodurch der belichtete Stoff seine Neutralität verliert. Er wird elektrisch leitend oder geladen.
Solarzellen funktionieren ähnlich wie eine Diode, nur nach dem umgekehrten Prinzip. Sobald wir die Vorderseite einer Solarzelle dem Sonnenlicht aussetzen, verursachen die auftreffenden Photonen des Sonnenlichts einen Elektronenüberschuss bzw. einen Elektronenmangel in den jeweiligen Schichten der Zelle und somit eine elektrische Ladung. Der p-n-Übergang einer Solarzelle verhindert durch seine Sperrwirkung einen Ausgleich der Ladung, die sich über elektrische Metallkontakte abgreifen und als Elektrizität nutzen lässt.
Bei einer Größe von zum Beispiel 10 x 10 cm bestehen handelsübliche Solarzellen in der Regel aus einer 0,3 mm bis 0,4 mm dicken Siliziumscheibe, in der durch das Einbringen von Bor und Phosphor zwei aneinander grenzende Schichten mit unterschiedlichen elektrischen Eigenschaften entstehen. Um möglichst viel Licht durchzulassen ist die Oberseite einer Solarzelle mit einem kammartigen Metallkontakt und mit einer Antireflexschicht versehen. Bei Beleuchtung der Solarzelle entsteht eine Spannung von etwa 0,5 Volt, die zwischen dem oberen und unteren Kontakt ansteht (Bild 1.2.1).

Bild 1.2.1

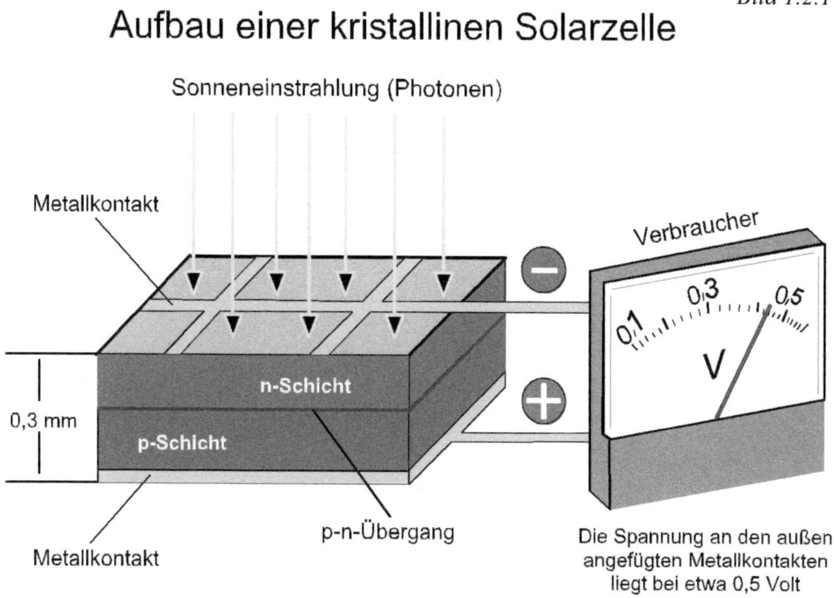

Die wichtigste elektrische Größe einer Solarzelle ist der Wirkungsgrad. Der Wirkungsgrad ist das Verhältnis der abgegebenen elektrischen Leistung zu der Leistung, mit der die Sonne die Oberfläche einer Solarzelle bestrahlt. Der Wirkungsgrad handelsüblicher kristalliner Solarzellen beträgt ca. 12 % bis 18 %. Im Wesentlichen unterscheiden wir zwischen monokristallinen und multikristallinen (polykristallin) Solarzellen. Die monokristalline Zelle (Bild 1.2.2) ist etwas teurer als die multikristalline (Bild 1.2.3). Dafür ist der Wirkungsgrad einer monokristallinen Zelle um einige Prozent besser. Die Oberfläche der multikristallinen Solarzelle erscheint in unterschiedlichen Blaufärbungen „gescheckt". Dem hingegen besitzt die monokristalline Solarzelle eine gleichmäßig schwarze Oberfläche, auf der die kammartigen Metallkontakte deutlich zu erkennen sind.
Bei einer Sonneneinstrahlung von 1000 Watt pro Quadratmeter fallen auf eine Solarzelle, deren Größe 10 x 10 cm bzw. einen Quadratdezimeter beträgt, 10 Watt. Daraus ergibt sich eine Leistung von 1,8 Watt, die eine Solarzelle abgeben kann, wenn ihr Wirkungsgrad 18 % beträgt. Für einen Solargenerator, dessen Leistung 1,8 kW beträgt, werden somit rund 1000 solcher Solarzellen benötigt. Außer den mono- und multikristallinen Solarzellen werden heute auch Solarzellen aus amorphen (nicht kristallinem) Silizium hergestellt. Solarzellen aus amorphen Silizium werden auch für Anwendungen mit kleiner Leistung wie Uhren, Taschenrechner, Radios (Bild 1. 2. 4) usw. eingesetzt. Im höheren Leistungsbereich, zu dem Solaranlagen

Bild 1.2.2

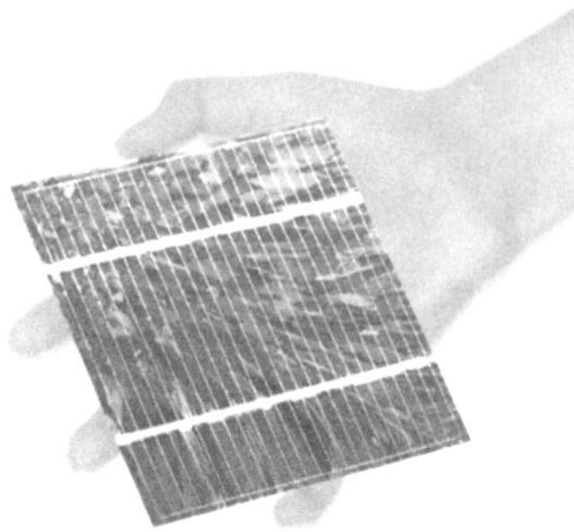

Bild 1.2.3

zur Netzeinspeisung zählen, werden überwiegend mono- oder multikristalline Solarzellen verwendet. Mit zunehmender Sonneneinstrahlung steigt die Lehrlaufspannung einer Solarzelle an und erreicht bei voller Einstrahlung den für kristalline Zellen üblichen Wert von 0,5 Volt. Ein wichtiges Merkmal für die elektrischen Eigenschaften und die Leistungsfähigkeit von Solarzellen ist die Strom- / Spannungskennlinie.
Diese entsteht bei gleichbleibender Einstrahlung und Temperatur, wenn an eine Solarzelle ein regelbarer Widerstand angeschlossen wird. Durch gleichzeitige Spannungs- und Strommessung und dem stufenweißen Verändern der Widerstandswerte können wir die wichtigsten Eigenschaften einer Solarzelle ermitteln (Bild 1.2.5).

Bild 1.2.4

Die elektrische Spannung einer Solarzelle ist im unteren Solarstrahlungsbereich (bis 100 W/m^2) stark abhängig von der Einstrahlung, im oberen Bereich bei hohen Einstrahlungen bleibt die Solarzellenspannung verhältnismäßig konstant. Darüber hinaus verändern Temperatureinflüsse die Spannungswerte. Bei Erwärmung sinkt die Spannung und bei Abkühlung steigt sie dementsprechend an. Im unbelasteten Zustand einer Solarzelle stellt sich die Leerlaufspannung U_L ein und im MPP (Maximum Power Point) ergibt sich die Zellenspannung U_{MPP}. Die Leistung einer Solarzelle ist im MPP am größten. Sie ergibt sich aus der Solarzellenspannung (U_{MPP}) multipliziert mit dem Solarzellenstrom (I_{MPP}) und hat die Einheit Wp (Watt/peak = Spitzenleistung). Die Leistung wird überwiegend vom Strom bestimmt, der mehr als die Spannung von der Intensität der Einstrahlung abhängig ist.

Bild 1.2.5

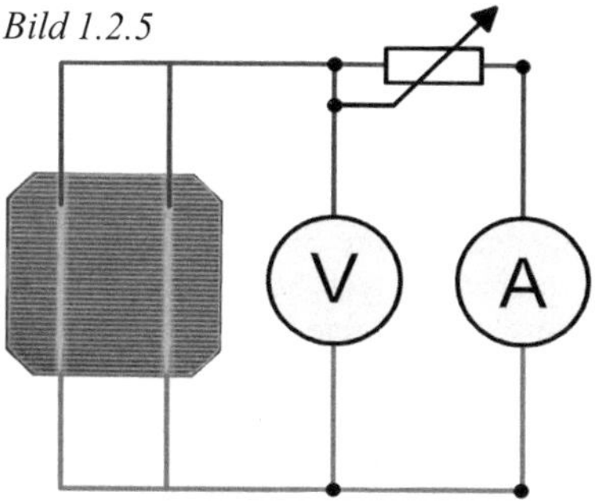

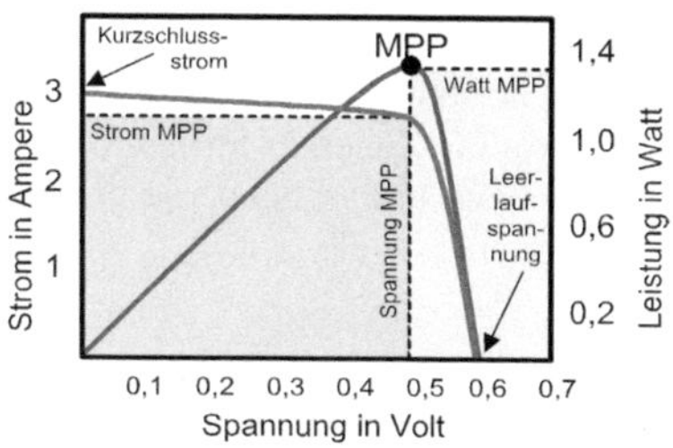

Weiterhin bezieht sich die Nennleistung einer Solarzelle auf eine spektrale Zusammensetzung des Lichtes entsprechend AM 1,5 (siehe Kapitel 1.1). Der elektrische Strom einer Solarzelle ist proportional abhängig von der Sonneneinstrahlungsleistung. Bei einem Betrieb im MPP, stellt sich der Zellenstrom I_{MPP} ein und bei einem Kurzschluss fließt der Solarzellen-Kurzschlussstrom. Das Bild 1.2.6 zeigt die Leerlaufspannung und den Kurzschlussstrom in Abhängigkeit der Einstrahlung. Da die Einstrahlung der Sonne keine konstante Größe ist, sondern mit starken Schwankungen dem Tages- und Jahresverlauf unterliegt, wurde das STC – Verfahren (STC = Standard-Test-Bedingungen) kreiert, um eine Vergleichbarkeit der elektrischen Kennwerte von Solarzellen zu ermöglichen. Diese STC-Bedingungen geben konstante Werte der Einstrahlung (E) bezüglich 1 kW/m^2, der Zelltemperatur (T) von 25 °C und der Air-Mass (AM) von 1,5 vor. Von den Herstellern der Solarmodule werden Strom-, Spannungs- und Leistungsdaten im MPP angegeben, die sich im Normalfall auf die STC beziehen. Bei steigender Temperatur erhöht sich der Strom um etwa 0,07 % je Grad Celsius und die Spannung verringert sich um etwa 0,4 % je Grad Celsius. Da die Abnahme der Spannung wesentlich größer ist als die Zunahme des Stroms, verringert sich die Leistung um etwa 0,45 % pro Grad Celsius. Aus diesem Grund ist zu beachten, dass Solarzellen bzw. Solarmodule bei Betrieb eine ausreichende Hinterlüftung erhalten, um zu hohe Zellentemperaturen zu vermeiden, die sich negativ auf den Ertrag einer Solarstromanlage auswirken. Das Bild 1.2.6 lässt erkennen, wie sich die Intensität der Sonneneinstrahlung auf Strom und Spannung der Solarzelle auswirkt. Die zuvor beschriebenen Eigenschaften einer Solarzelle verdeutlichen, dass an kalten Sommertagen bei wolkenlosem Himmel in der Mittagszeit die Solarzelle am effektivsten arbeitet.

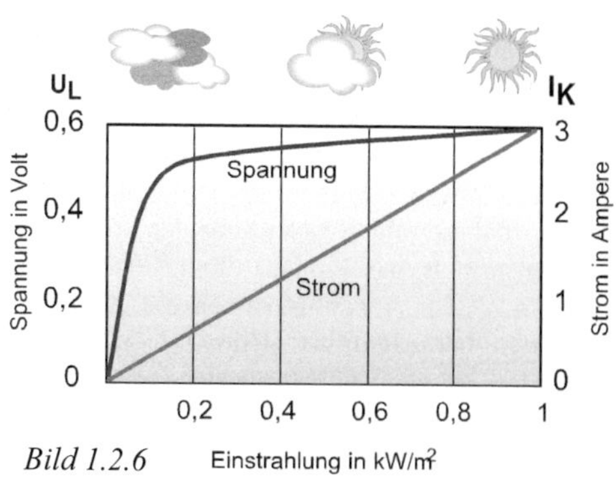

Bild 1.2.6

1.3 Solarmodule

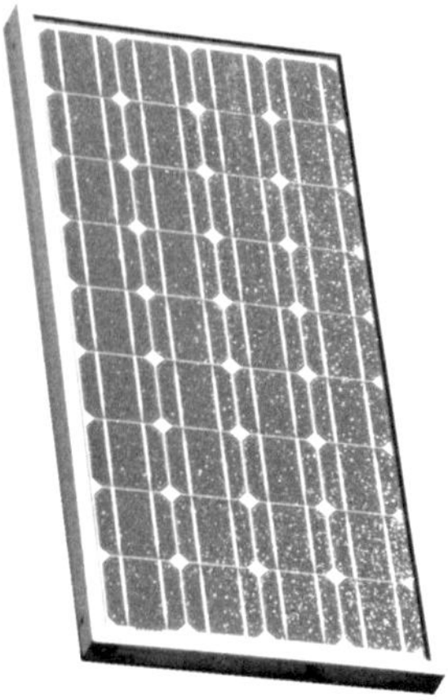

Bild 1.3.1

Ein Solarmodul (Bild 1.3.1) besteht grundsätzlich aus mehreren in Serie geschalteten Solarzellen und den sogenannten Bypassdioden, die die Solarzellen bei einer teilweisen Modulbeschattung vor Schaden bewahren. Wird bei der Serienschaltung eine Zelle abgeschattet, so verhält sie sich ähnlich wie ein elektrischer Verbraucher. Die dadurch entstehende Temperaturerhöhung kann zur Zerstörung der Solarzelle führen (hot-spot-Effekt). Im Normalfall sind die Zellen von Solarmodulen herstellerseitig mit Bypassdioden geschützt (Bild 1.3.2) und der maximale Strom, welcher durch eine Zelle fließen kann, ist somit begrenzt. Für die Diodenbeschaltung teilt man die Zellen in Strings von 12 bis maximal 24 Zellen ein und schützt sie jeweils durch den Einsatz einer Bypassdiode.

Beim Modulwirkungsgrad bezieht sich die Ausgangsleistung auf die gesamte Fläche des Solarmoduls, einschließlich dem Modulrahmen. Aus diesem Grund ist der Modulwirkungsgrad immer etwas geringer als der Wirkungsgrad einer einzelnen Solarzelle. Früher wurden Solarmodule mit runden Solarzellen hergestellt, die für einen wesentlich schlechteren Modulwirkungsgrad sorgten, weil die Modulfläche viel Freiraum bzw. ungenutzte Fläche beinhaltete. Heute kommen in Solarstromanlagen nur noch Module mit quadratischen Solarzellen zum Einsatz, um den Modulwirkungsgrad zu erhöhen und somit die zur Verfügung stehende Montagefläche besser nutzen zu können.

In der Regel befindet sich an den Solarmodulen ein Modulanschlusskasten, der für die Zusammenschaltung der Solarzellenstrings und die für die Aufnahme und Beschaltung der Solarzellenstrings mit Bypassdioden dient. Zudem sind meist aus dem Anschlusskasten die Anschlussleitungen herausgeführt (Bild 1.3.3), um eine schnelle Zusammenschaltung der einzelnen Module zu einem Modulstrang bzw. zu einem Solargenerator zu ermöglichen.

Bild 1.3.2

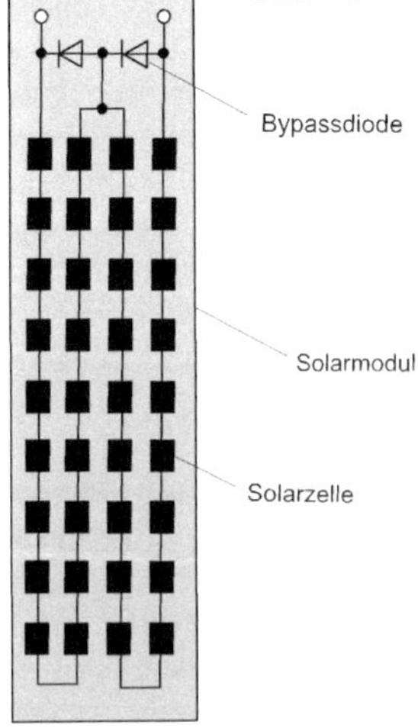

Serienschaltung mit Bypassdioden
über jeweils 18 Solarzellen

Für die Errichtung einer Photovoltaikanlage werden im Normalfall Standardmodule verwendet. Standardsolarmodule sind seriell gefertigte Module, die im Groß- und Einzelhandel erhältlich sind und deren Marktanteil über 90 % beträgt. Darüber hinaus sind Standardsolarmodule häufig in abgestimmten Paketlösungen inklusive Wechselrichter und Montagematerial als installationsfertige Solarsysteme erhältlich. Die für Standartmodule üblichen Leistungsklassen liegen zwischen 50 und 200 Watt. Einige Hersteller bieten auch Module > 200 Watt an. Die Fläche der gebräuchlichen Module liegt somit etwa zwischen 0,5 m^2 bis 2 m^2. Die Größe von Solarmodulen ist vor allem abhängig von der elektrischen Leistung, die von Anzahl und Art der im Modul verwendeten Solarzellen bestimmt wird. Kristalline Solarzellen aus Silizium werden in der Regel in den Größen 10 x 10 cm, 12,5 x 12,5 cm und 15,6 x 15,6 cm produziert. Der Mindestabstand von den in Solarmodulen zu Strings verschalteten Zellen beträgt 2 mm in Richtung der Strings und ca. 3 mm zwischen den Strings. Je nach Modulwirkungsgrad werden etwa 80 m^2 Fläche benötigt, um eine Anlagenleistung von 10 kWp zu erreichen.

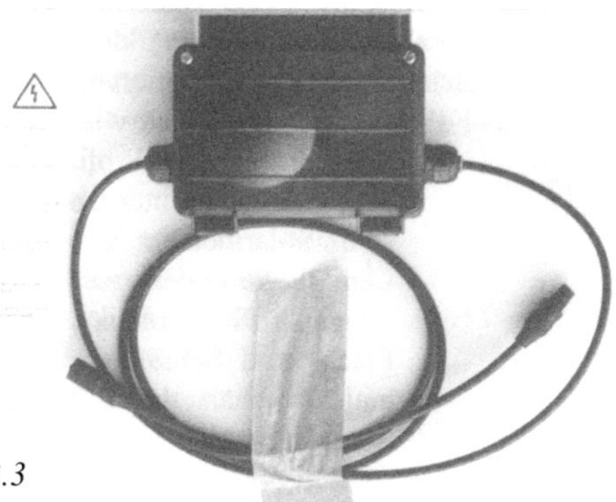

Bild 1.3.3

Auf einem Flachdach benötigt man für die gleiche Leistung rund 240 m^2, aufgrund der Aufständerung und den Abständen, die zwischen den Modulanordnungen einzuhalten sind, um eine Modulverschattung zu vermeiden. Das Gewicht von Solarmodulen beträgt ca. 10 bis 15 Kilogramm je Quadratmeter, inklusive Gestell ca. 15 bis 25 kg/m^2 und inklusive dem Fundament für die Aufständerung der Module auf Flachdächern ist mit einem Gewicht von 100 bis 150 kg pro Quadratmeter zu rechnen.

Die meisten Solarmodule werden mit kristallinen Solarzellen aus Silizium als Glas-Folien-Laminate gefertigt. Um die Zellen vor klimatischen und mechanischen Einflüssen zu schützen, werden sie mit Folien oder Gießharz verkapselt. Eine häufig angewendete Technik ist die Verkapselung mit Ethylen-Vinyl-Acetat (EVA). Dabei werden die Solarzellen zwischen dem Solarglas auf der

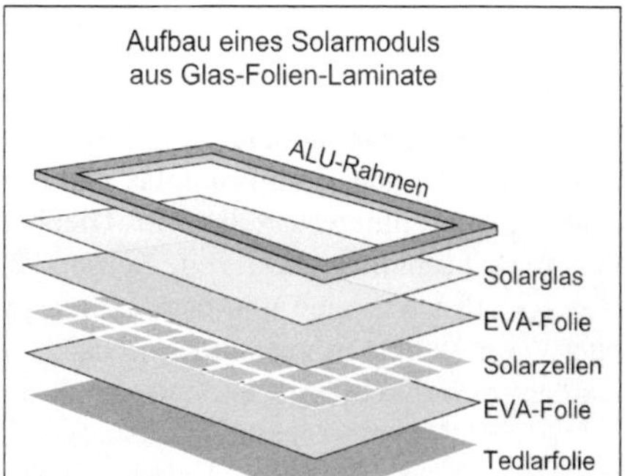

Bild 1.3.4

1.4 Einspeisevergütung nach EEG

Bild 1.4.1

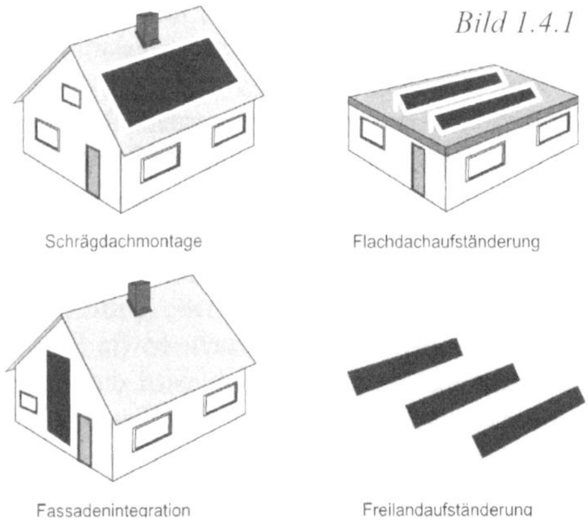

Das Erneuerbare-Energien-Gesetz (EEG) von 2009 regelt die Vergütung für Strom aus solarer Strahlungsenergie. Die Höhe der Einspeisevergütung nach EEG ist abhängig von der Leistung (bis 30 kW, 30 bis 100, über 100 kW). Darüber hinaus ist die Einspeisevergütung auch abhängig vom Anbringungsort des Photovoltaikgenerators. Das Gesetz unterscheidet z.B. Anlagen auf dem Dach, an der Gebäudefassade sowie Freiflächenanlagen (Bild 1.4.1).

Einspeisevergütung für Strom aus Photovoltaikanlagen nach dem neuen EEG in Cent pro kWh.

Jahr	2009	2010	2011	2012	2013	2014
Photovoltaik < 30 kW	43,01	39,57	36,01	32,77	29,82	27,13
Photovoltaik < 100 kW	40,91	37,64	34,25	31,12	28,36	25,81
Photovoltaik < 1000 kW	39,58	35,62	32,42	29,50	26,84	24,43
Photovoltaik > 1000 kW	33,00	29,70	27,03	24,59	22,38	20,37
Photovoltaik Freifläche	31,94	28,75	26,16	23,80	21,66	19,71
PV-Eigenverbrauch	25,01	23,01	20,94	19,05	17,34	15,78

Ab 2009 bietet die Möglichkeit des Stromeigenverbrauchs durch den Anlagenbetreiber und dessen Nachbarn interessante Aspekte.

Zuschlag für Gebäudeintegration + 5,0 €-Ct/kWh
(nicht für Dachintegration sondern für Gebäudehülle, z.B. Solarfassaden)
Die Höhe der Einspeisevergütung richtet sich nach dem Jahr der Inbetriebnahme. Sie ist gleichbleibend für 20 Jahre plus dem Inbetriebnahmejahr.

1.5 Kosten für eine PV-Anlage

Die Kosten für eine Solarstromanlage zur Netzeinspeisung liegen durchschnittlich bei ca. 5000,- € pro kWp. Das Bild 1.5.1 zeigt die Kostenaufteilung einer Anlage mit 5 kW Leistung, bei der die Solarmodule mit 55 % den größten Teil der Kosten verursachen. Der Wechselrichter hingegen verursacht wesentlich geringere Kosten, die in der Regel mit etwa 50 €-Ct/W zu Buche schlagen. Um den Preis für Ihre Solarstromanlage genauer zu ermitteln, können Sie den Fragebogen (Bild 1.5.2) ausfüllen und sich von einem Elektroinstallationsunternehmen oder von einem Photovoltaik-Fachbetrieb ein Angebot unterbreiten lassen. Wichtig ist, dass Sie dem Fragebogen Bilder des Montageortes hinzufügen.

Bild 1.5.1

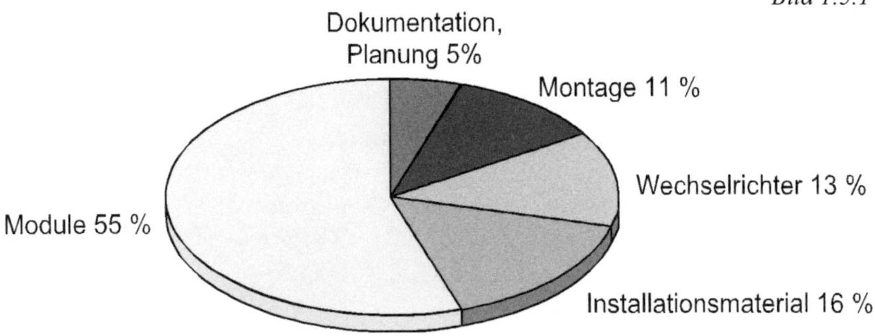

Kostenaufteilung einer 5 kWp Photovoltaikanlage
(4000 - 6000 €/kWp)

Das folgende Beispiel enthält den Großhandelspreis für eine Anlage mit Modulen der Firma Solarwatt und die Kosten für den Aufbau sowie den Aufpreis, den eine Aufständerung für die Flachdachmontage pro kW verursacht.

Bezeichnung	***Solarwatt M 120-72 GEG LK***
Leistung des Solarmoduls	120 Wp / Glas - Folie
Lieferung bis 100 kW	
Incl. Wechselrichter und Montagezubehör	pro kWp 4.500,00 €
Aufbau incl.	
Wechselstrommontage und	
Inbetriebnahme	pro kWp 250,00 €
Aufpreis für Aufständerung	
Flachdachmontage. Unterbaukonstruktion	
zur Befestigung der Module auf 30°	
Bestehend aus: ALU-Edelstahl	(bis 50 kW) pro kWp 100,00 €

Bild 1.5.2

Fragebogen zur Angebotserstellung

Handelsgesellschaft für Erneuerbare Energien mbH

Name, Vorname ______ Telefon Nr: ______

Straße ______ Fax Nr: ______

PLZ, Ort ______ e-Mail: ______ Datum ______

Gewünschte Anlagengröße ______ Kilowatt

Gebäudeart ○ Einfamilienhaus ○ Mehrfamilienhaus ○ sonstiges: ______
○ Bürohaus ○ Industriegebäude ○ Landwirtschaftliches Gebäude

Zugang über ○ Straße ○ Garten ○ Wiese ○ sonstiges: ______

Dachart ○ Satteldach ○ Pultdach ○ Flachdach

Dacheindeckung ○ Pfannentyp ______ ○ sonstiges:

Gewünschte Bauform ○ Aufdach ○ Indach ○ Solardachziegel

Nutzbare Dachfläche ______ qm

Ausrichtung der Dachfläche (Himmelsrichtung) ______

Dachneigung in Grad ______

Höhe der Dachrinne bzw. Traufe ______
(wichtige Angabe, da ab einer bestimmten Höhe der Aufbau eines Gerüstes zwingen vorgeschrieben ist).

Mögliche Standorte für Wechselrichter ○ Dachboden ○ Wohnraum ○ Technikraum ○ Keller

Ausstattung ○ mit Rechnerschnittstelle ○ mit ENS ○ mit Anzeigedisplay

Leerrohre vom Dach zum Keller vorhanden ○ ja ○ nein

Gewünschte Kabelverlegungsart bei fehlenden Leerrohren ○ aufputz ○ unterputz

Blitzschutz vorhanden ○ ja ○ nein

Freier Zählerplatz im Zählerschrank vorhanden ○ ja ○ nein

Versicherung gewünscht ○ ja ○ nein

Montage von PV Fachinstallateur gewünscht ○ ja ○ nein

Gewünschter Liefertermin ______

Name des Energieversorgers ______

Anlage ______

Sonstiges ______

1.6 Energieertrag einer Photovoltaikanlage

Entscheidend für den Energieertrag eines Photovoltaikgenerators ist die Größe der zur Verfügung stehenden bzw. nutzbaren Fläche, der Wirkungsgrad der zur Anwendung kommenden Solarmodule und das zur Verfügung stehende Kapital. Grundsätzlich ist jede Leistungsgröße einer Photovoltaikanlage vorstellbar und möglich, von wenigen Watt bis in den Megawatt-Bereich.
Bei einer nicht drehbaren feststehenden Photovoltaikanlage, die das ganze Jahr über Strom in das öffentliche Netz einspeist, erreicht man in Deutschland den größten Jahresenergieertrag mit einem Modulneigungswinkel von 30 Grad und einer Ausrichtung des Photovoltaik-Generators nach Süden. Darüber hinaus ist auch eine Ausrichtung des Photovoltaik-Generators mit anderen Neigungswinkeln und auch in andere Himmelsrichtungen von West über Süd bis Ost – bei verhältnismäßig geringen Ertragseinbußen – möglich. Das Bild 1.6.1 zeigt die Verluste für Photovoltaik-Generatoren (in %), deren Ausrichtung vom Optimalwert (Neigung 30° / Ausrichtung nach Süden) abweicht.

Bild 1.6.1

Energieertrag einer Photovoltaikanlage unter Berücksichtigung der Ausrichtung und Neigung des Photovoltaikgenerators in %

Modulneigung / Ausrichtung	0°	30°	60°	90°
Süd	93 %	100 %	91 %	68 %
Südwest / Südost	93 %	96 %	88 %	66 %
West / Ost	93 %	90 %	78 %	55 %

Ein Photovoltaikgenerator mit einer Leistung von 5 kWp bringt in Süddeutschland einen jährlichen Energieertrag von etwa 4500 kWh (Kilowatt/Stunden). Der Einpersonenhaushalt verbraucht nach neuesten Umfragen 1500 kWh pro Jahr. Für jede zusätzliche Person gilt plus 1000 kWh pro Jahr. Ein Vier-Personen-Haushalt benötigt

somit die Energie, die der zuvor bezeichnete Generator liefert. Energiesparfreaks hingegen benötigen nur etwa 20 % vom Durchschnittsverbrauch.
Der jährliche Energieertrag einer Photovoltaikanlage ist abhängig vom Klima am Standort der Photovoltaikanlage, von der Leistung und von der Ausrichtung des Photovoltaikgenerators.
Um die Berechnung des jährlichen Energieertrages einer zu planenden Anlage zu erleichtern, haben wir in den nachfolgenden Tabellen den jährlichen Energieertrag einer Photovoltaikanlage mit einer Leistung von 1 kWp exemplarisch dargestellt.
Die in den Tabellen (Bilder 1.6.2 bis 1.6.7) aufgeführten Werte berücksichtigen die Klimadaten für die Städte Berlin, Hamburg, Kassel, Stuttgart, München und Nürnberg, sowie Leistungsverluste, die durch Leitungen auf der Gleichstrom- und Wechselstromseite entstehen und auch die Verluste, die der Wechselrichter verursacht.
Bei der Planung eines Photovoltaik-Generators mit höherer Leistung multiplizieren Sie ganz einfach den in der Tabelle enthaltenen Wert mit dem Wert der Generatorleistung ihrer geplanten Anlage. Zum Beispiel erwirtschaftet eine Photovoltaikanlage mit einer Generatorleistung von 10 kWp in etwa das zehnfache des aus der Tabelle hervorgehenden Wertes.
Eine genaue Ermittlung des durchschnittlichen „wirklichen" Jahresertrages für die kommenden 10 bis 20 Jahre ist grundsätzlich nicht möglich, da sich die zur Berechnung herangezogenen Klimadaten auf die Durchschnittswerte vergangener Jahre beziehen. Experten vertreten die Meinung, dass der größte Klimawandel der letzten 5000 Jahre kurz bevor steht. Früher dauerte der Wechsel vom Sommer zum Winter und umgekehrt drei Monate. Heute wechselt das Klima im Laufe von wenigen Tagen. Herbst und Frühling verlieren ständig an Kraft. Wetterforscher bestätigen, dass sich in den vergangenen 50 Jahren der Sommer um 11 Tage verlängert hat.
Was uns in den kommenden Jahren erwartet, kann keiner exakt vorhersagen. Das heißt, mit den Werten aus den Tabellen berechnen Sie die Vergangenheit. Was die Zukunft bringt, bleibt mehr oder weniger unberechenbar! Also rechnen Sie nicht zu genau bzw. berücksichtigen Sie nach eigenem Ermessen einen zusätzlichen Unsicherheitsfaktor von +/- X %. Sicher hingegen ist eine Steigerung des Energieertrags um fast 15 %, wenn Sie in den Sommermonaten, an sehr warmen Tagen, die Photovoltaikmodule mit einer Beregnungsanlage kühlen. Die Tabelle 1.6.1 enthält Korrekturfaktoren für Temperaturen, die vom Standartwert (25 °C) abweichen. Aus der Tabelle geht hervor, dass die größten Ertragsverluste, hervorgerufen durch hohe Modultemperaturen, in den Sommermonaten (Juni bis September) entstehen.

Tabelle 1.6.1

Korrekturfaktoren zur Berücksichtigung der Zelltemperatur											
Jan	Feb	März	Apr	Mai	Jun	Jul	Aug	Sep	Okt	Nov	Dez
1,02	1,01	0,95	0,91	0,88	0,87	0,86	0,86	0,89	0,98	1,00	1,02

Jährlicher Energieertrag einer Photovoltaikanlage mit 1 kWp (Spitzenleistung) in **Hamburg**

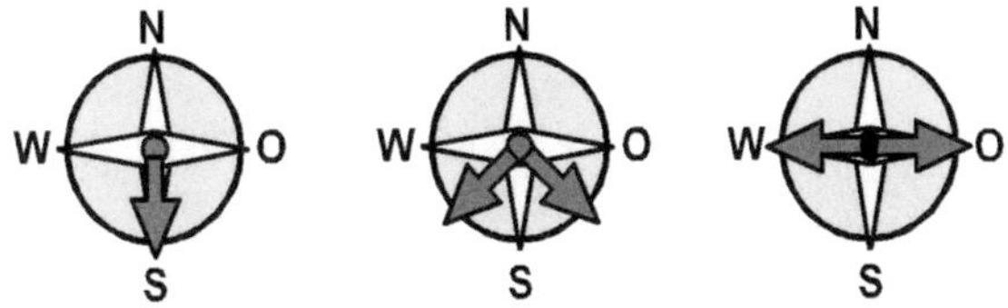

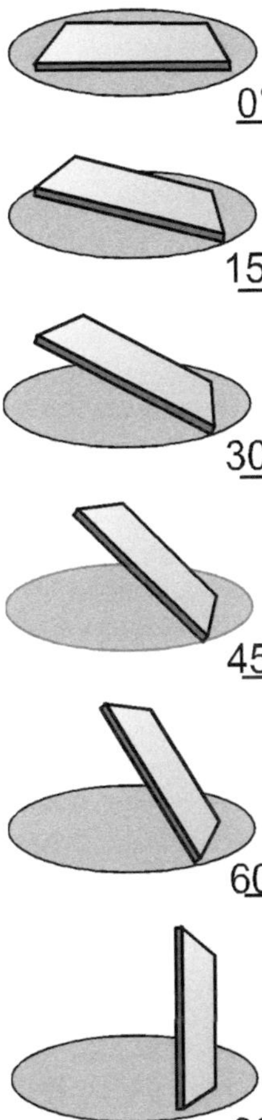

Modulneigung			
0°	705 kWh	705 kWh	705 kWh
15°	780 kWh	755 kWh	700 kWh
30°	820 kWh	755 kWh	670 kWh
45°	810 kWh	755 kWh	620 kWh
60°	755 kWh	700 kWh	560 kWh
90°	535 kWh	496 kWh	380 kWh

Bild 1.6.2

Jährlicher Energieertrag einer Photovoltaikanlage mit 1 kWp (Spitzenleistung) in **Kassel**

Modulneigung

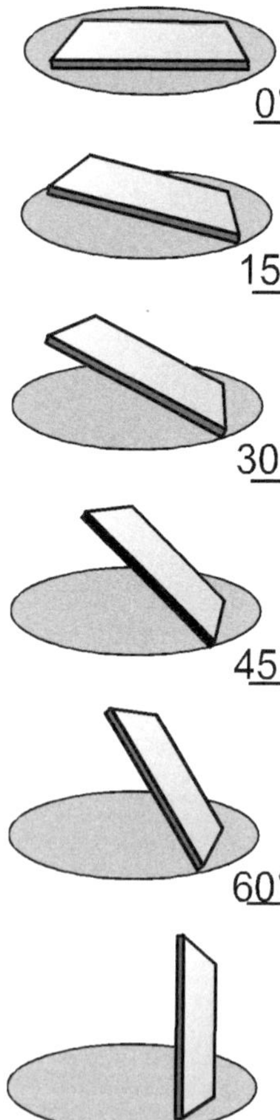

Modulneigung			
0°	700 kWh	700 kWh	700 kWh
15°	785 kWh	760 kWh	690 kWh
30°	830 kWh	780 kWh	660 kWh
45°	825 kWh	765 kWh	610 kWh
60°	775 kWh	710 kWh	545 kWh
90°	550 kWh	505 kWh	375 kWh

Bild 1.6.3

Jährlicher Energieertrag einer Photovoltaikanlage mit 1 kWp (Spitzenleistung) in **München**

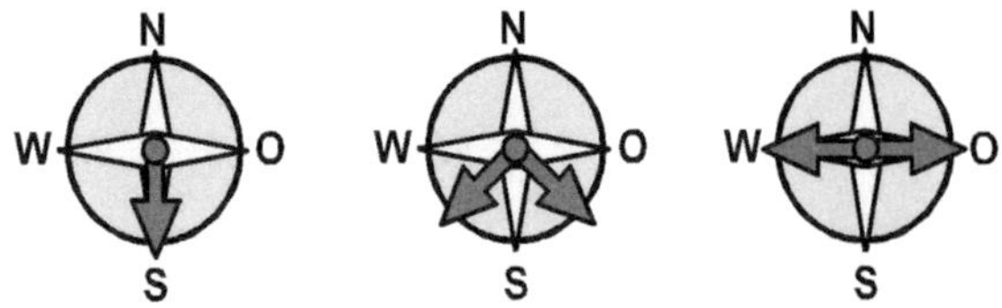

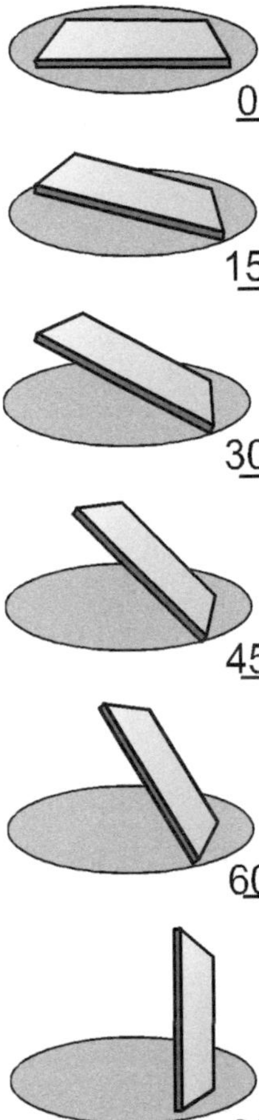

Modulneigung			
0°	880 kWh	880 kWh	880 kWh
15°	970 kWh	945 kWh	870 kWh
30°	1010 kWh	960 kWh	830 kWh
45°	1000 kWh	935 kWh	770 kWh
60°	930 kWh	860 kWh	960 kWh
90°	650 kWh	605 kWh	470 kWh

Bild 1.6.4

Jährlicher Energieertrag einer Photovoltaikanlage mit 1 kWp (Spitzenleistung) in **Nürnberg**

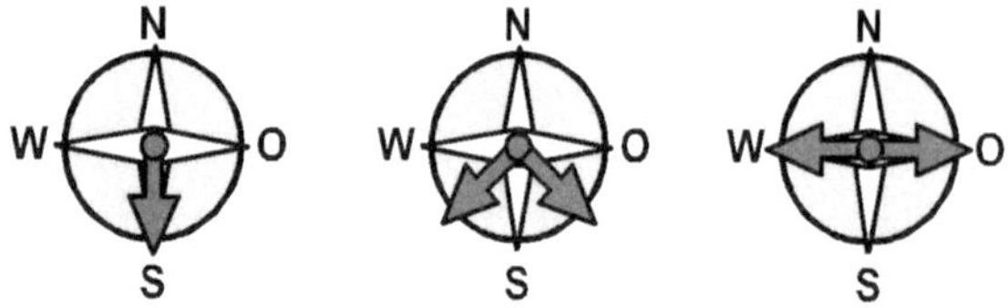

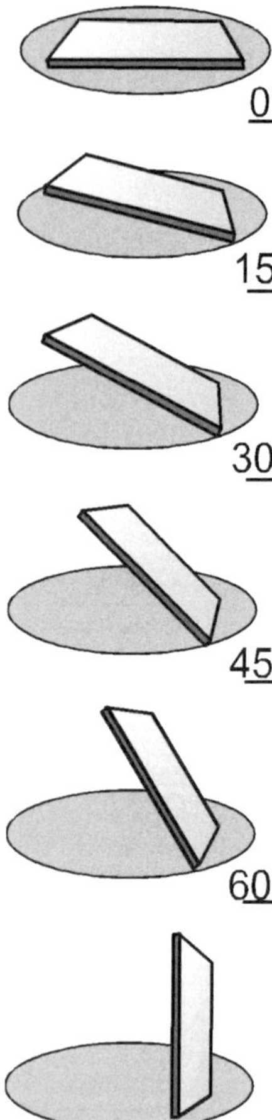

Modulneigung			
0°	795 kWh	795 kWh	795 kWh
15°	865 kWh	845 kWh	790 kWh
30°	890 kWh	855 kWh	750 kWh
45°	870 kWh	820 kWh	695 kWh
60°	800 kWh	755 kWh	620 kWh
90°	550 kWh	520 kWh	425 kWh

Bild 1.6.5

Jährlicher Energieertrag einer Photovoltaikanlage
mit 1 kWp (Spitzenleistung) in **Berlin**

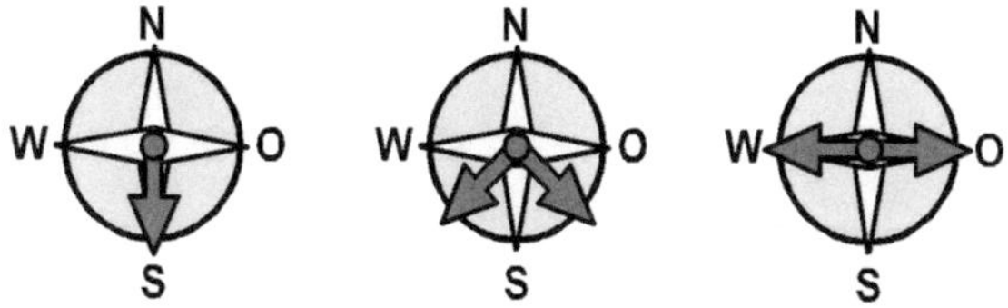

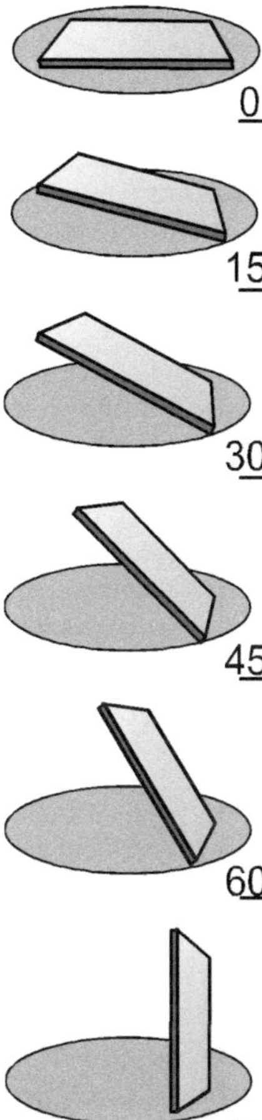

Modulneigung			
0°	740 kWh	740 kWh	740 kWh
15°	830 kWh	800 kWh	730 kWh
30°	875 kWh	825 kWh	700 kWh
45°	870 kWh	810 kWh	650 kWh
60°	820 kWh	750 kWh	580 kWh
90°	580 kWh	535 kWh	400 kWh

Bild 1.6.6

Jährlicher Energieertrag einer Photovoltaikanlage mit 1 kWp (Spitzenleistung) in **Stuttgart**

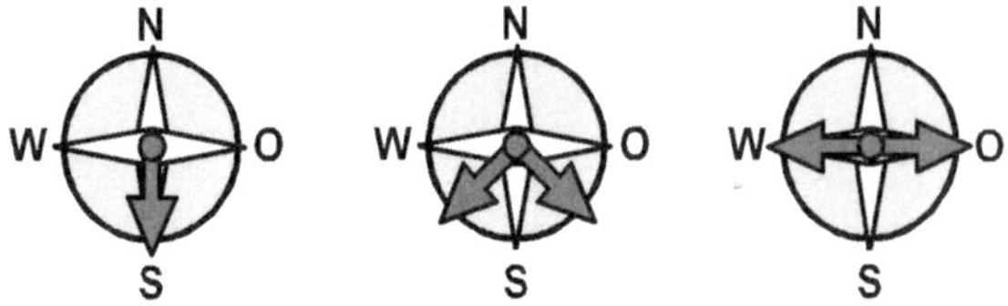

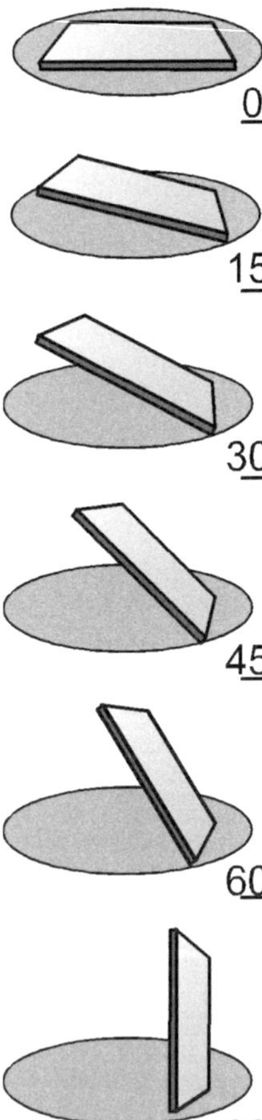

Modulneigung			
0°	830 kWh	830 kWh	830 kWh
15°	920 kWh	890 kWh	820 kWh
30°	960 kWh	905 kWh	785 kWh
45°	945 kWh	880 kWh	730 kWh
60°	880 kWh	815 kWh	650 kWh
90°	620 kWh	575 kWh	450 kWh

Bild 1.6.7

Jährlicher Energieertrag einer Photovoltaikanlage
mit 1 kWp (Spitzenleistung)

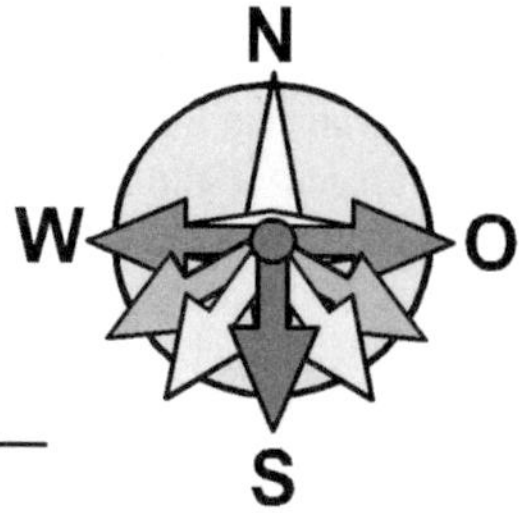

Photovoltaikanlage mit
automatischer Nachführung

München	1205 kWh
Nürnberg	1060 kWh
Stuttgart	1135 kWh
Kassel	995 kWh
Hamburg	970 kWh
Berlin	1070 kWh

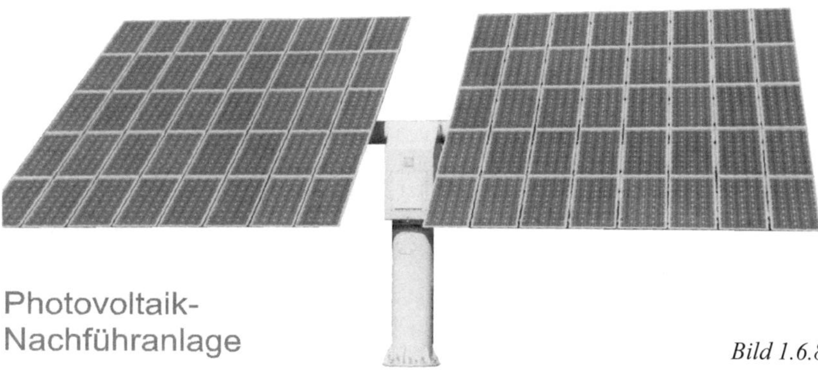

Photovoltaik-
Nachführanlage

Bild 1.6.8

Weiterhin ist bei der Planung eines Photovoltaikgenerators zu beachten, dass die Module eine ausreichende Hinterlüftung erhalten. Bei Solarzellen aus kristallinem Silizium verringert sich die Leistung um 0,45 % pro °C Temperaturerhöhung. Der Wirkungsgrad von Solarzellen aus kristallinem Silizium ist umso besser, je kälter sie sind. Aus diesem Grund sind Solarmodule auf einem Schrägdach als gut hinterlüftete Dachflächen auszuführen. Es empfiehlt sich die Ausbildung von großflächigen traufen- und dachfirstseitigen Luftdurchlässen. Bei Dächern und Fassaden sollte eine Hinterlüftungsebene von etwa 10 cm eingehalten werden.
Bei der Aufständerung von Solarmodulen auf Flachdächern ist eine ausreichende Hinterlüftung gewährleistet. Wegen der geringeren Kosten und der Möglichkeit zur nachträglichen Installation gehört die Flachdachaufständerung zu einer der am häufigsten angewandten Errichtungsarten.

Bild 6.1.9

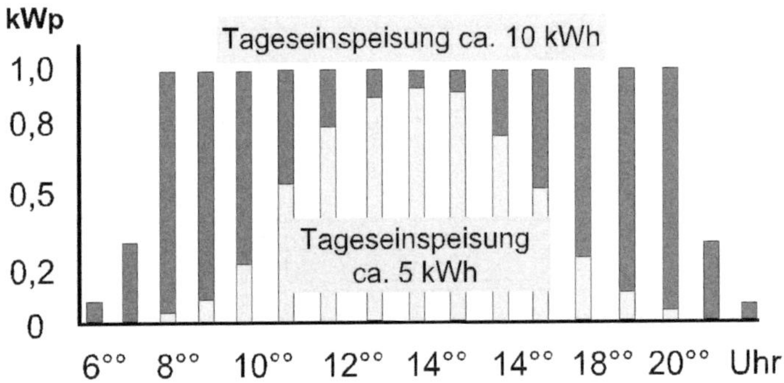

Leistungsdiagramm einer starr installierten und einer nachgeführten 1 kW Anlage

Starr errichtete Photovoltaikanlagen erreichen im Normalfall ihre Nennleistung auch bei ungetrübtem Sonnenschein nur für einen kurzen Zeitraum. Der Grund liegt darin, dass in erster Linie der senkrecht auftreffende Anteil des einfallenden Lichtes den photovoltaischen Effekt hervorruft. Um den Zeitraum zu verlängern, in dem die Sonne nahezu senkrecht auf die Photozellen scheint, gibt es sogenannte Nachführanlagen, die eine Steigerung des Jahresenergieertrages um 30 % bis 40 % ermöglichen. Das Leistungsdiagramm im Bild 1.6.9 zeigt, dass mit einer der Sonne nachgeführten Photovoltaikanlage an sonnigen Sommertagen Energieertragssteigerungen von 100 % möglich sind.

1.7 Grundlegendes zu netzgekoppelten-, Insel- und Hybrid-Anlagen

Eine vom öffentlichen Netz unabhängige Stromversorgung ist vor allem für abseits gelegene Objekte, zum Beispiel Berg-, Jagd- und Fischerhütten, Mess- und Funkstationen (Bild 1.7.1), Wochenendhäuser und Camper sehr interessant und oft auch notwendig bzw. die einzige Möglichkeit in abgelegenen Gebieten eine Stromversorgung zu realisieren. Strom kilometerweit zu transportieren ist meist nicht möglich oder sehr teuer, weil bei Niederspannungsleitungen (230/400 V) nur Leitungslängen von mehreren 100 Metern möglich sind. Um Strom aus dem öffentlichen Netz in ein abgelegenes Gebiet zu transportieren, wären zwei Mittelspannungs-Transformatoren erforderlich, von denen einer die Niederspannung auf z.B. 20.000 Volt hoch transformiert und ein zweiter, der diese hohe Spannung in der Nähe der Verbraucher wieder auf die Niederspannung (230/400 Volt) herab transformiert. Das ist für viele unbezahlbar.

Bild 1.7.1

Für ein Photovoltaik-Inselsystem, mit dem nur der Betrieb von wenigen Verbrauchern realisiert werden soll, benötigen Sie lediglich einige Solarmodule, die Sie zu einem Photovoltaik-Generator zusammenschalten, einen leistungsfähigen Akku (Bild 1.7.2) sowie einen Laderegler. Der Photovoltaik-Generator lädt bei Sonnenschein den Akku und sorgt zugleich dafür, dass diese Batterie nicht überladen und auch nicht tiefentladen wird, da beides zur Zerstörung führen kann. Das heißt, der Laderegler beendet genau dann den Ladevorgang, wenn die Batterie voll geladen ist und schaltet die Stromversorgung der Verbraucher ab, bevor es zu einer Tiefentladung des Akkumulators kommt. Damit sich keine unerwünschte vorzeitige Abschaltung der Stromversorgung ereignet, müssen alle zum Einsatz kommenden Systemkomponenten aufeinander abgestimmt sein und der solare Energieertrag muss mit dem Energiebedarf genau übereinstimmen. Um bei unvorhersehbaren Ereignissen über genügend Energiereserven zu verfügen, kann die Anlage auch überdimensioniert werden, wodurch sich die Photovoltaikanlage-Inselanlage dem entsprechend verteuert.

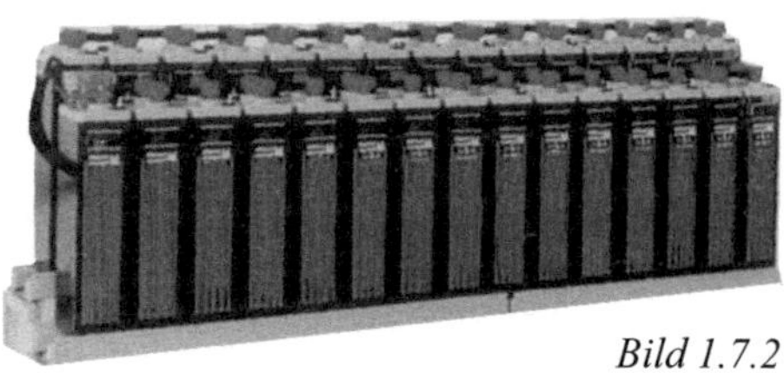
Bild 1.7.2

Das Bild 1.7.3 zeigt den prinzipiellen Aufbau einer Photovoltaik-Inselanlage mit Solargenerator, Laderegler, Akku und den daran angeschlossenen Verbrauchern. Zu beachten ist, dass für eine Inselanlage, die nach dem in Bild 1.7.3 dargestellten Prinzip arbeitet, nur Verbraucher zum Einsatz kommen können, deren Nennspannung der Systemspannung der Photovoltaikanlage (12, 24 oder 48V-) entspricht. Wer in einer Inselanlage 230-Volt-Geräte bzw. Verbraucher betreiben will, benötigt dazu einen Insel-Wechselrichter, der den von der Solarbatterie kommenden Gleichstrom in einen 50 Herz Wechselstrom umwandelt, Das kann bei verschiedenen Anwendungsfällen erheblich preiswerter sein, als teure und oftmals leistungsschwache oder verbrauchsintensive 12-Volt-Geräte zu kaufen. Gute Beispiele sind hierfür Energiesparlampen, Fernsehgeräte, Kühlschränke, Satellitenempfangsanlagen und Computer. Insel-Wechselrichter werden meist direkt am Akkumulator angeschlossen und versorgen die am Wechselrichterausgang angeschlossenen Geräte mit netzkonformer 230-Volt-Wechselspannung. Selbstverständlich ist auch ein kombinierter Betrieb möglich, bei dem zum Beispiel Verbraucher mit 12 Volt Gleichspannung über den Laderegler und 230 Volt Verbraucher über den Wechselrichter betrieben werden.

Bild 1.7.3

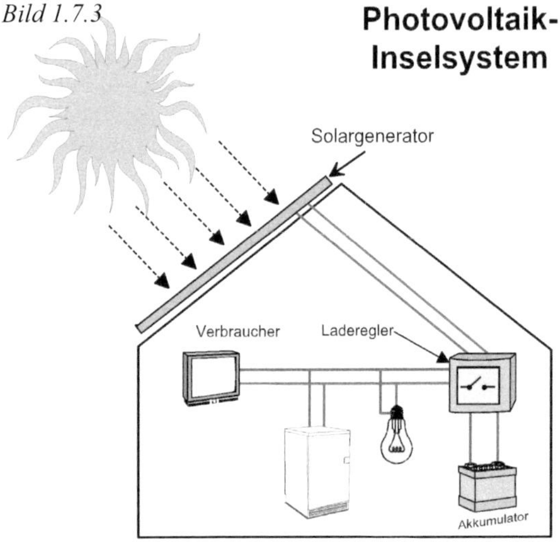

Photovoltaikanlagen zur Netzeinspeisung (Bild 1.7.4) sind grundsätzlich über einen sogenannten netzgeführten Wechselrichter mit dem öffentlichen Netz verbunden. Eine Abstimmung des Energieertrages mit dem Energiebedarf des Anlagenbetreibers ist nicht notwendig. Die Größe der Anlage richtet sich ausschließlich nach der nutzbaren Fläche und den zur Verfügung stehenden Investitionsmitteln. Im Normalfall wird der gesamte selbst erzeugte Strom in das öffentliche Stromnetz eingespeist. Grund dafür ist die Einspeisevergütung für

Bild 1.7.4

Solarstrom nach den Erneuerbare Energien Gesetz (EEG). Solarstrom für den Eigenbedarf zu nutzen wäre dann höchst unwirtschaftlich, weil die ins öffentliche Netz eingespeiste kWh mit ca. 50 Cent vergütet wird und die vom Verteilernetzbetreiber (VNB) bezogene kWh nur ca. 20 Cent kostet. Durch die Einspeisevergütung kann sich die Photovoltaik-Anlage bei geeigneter Auslegung nach einigen Jahren refinanzieren. PV-Anlagen zur Netzeinspeisung benötigen weder einen Akkumulator noch einen Laderegler. Der von den Solarmodulen erzeugte Gleichstrom wird direkt vom Wechselrichter in Wechselstrom umgewandelt, über die Messung geführt und danach ins öffentliche Netz eingespeist. Im Bild 1.7.5 ist der prinzipielle Aufbau einer Photovoltaik-Anlage zur Netzeinspeisung dargestellt, den die folgenden Seiten sehr ausführlich beschreiben.

Bild 1.7.5

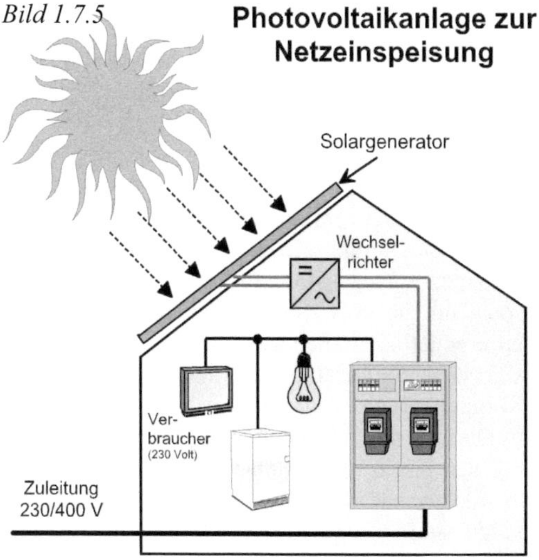

Bis heute wurden erfolgreich mehrere hunderttausend kleine Photovoltaik-Inselanlagen im Leistungsbereich einiger 100 Watt weltweit installiert, vorwiegend in entlegenen Regionen der dritten Welt usw. In Deutschland hingegen ist die ganzjährige Stromversorgung durch eine Photovoltaik-Inselanlage nur möglich, wenn die Photovoltaikanlage kombiniert wird mit einem zusätzlichen Generator, der von einem Dieselmotor oder von Wind- und/oder Wasserkraft angetrieben wird. Grund dafür ist der zu geringe Energieertrag des Photovoltaik-Generators in den Wintermonaten. Die alleinige Stromversorgung mit einer Photovoltaikanlage kann aber auch in Deutschland durchaus sinnvoll sein, zum Beispiel für Wochenend- und Ferienhäuser sowie für Laubenkolonien, die nur im Sommer bzw. von April bis September genutzt werden. Für die ganzjährige Nutzung einer Inselanlage ist es in Deutschland erforderlich ein kleines 230-Volt-Wechselstromnetz zu errichten, das den Anforderungen von 230 Volt Wechselstromverbrauchern im mittleren Leistungsbereich gerecht wird. Das heißt, die Inselanlage sollte als sogenannte Hybridanlage ausgeführt werden und zumindest einen zweiten Stromerzeuger erhalten. Weiterhin sollte das System die Solarbatterie mit dem zur Anwendung kommenden zusätzlichen Generator, der zum Beispiel von einem Verbrennungsmotor angetrieben wird, aufladen können. Die Kombination bestehend aus Verbrennungsmotor und Generator kann auch als Blockheizkraftwerk ausgeführt werden, um die bei der Elektrizitätserzeugung entstehende

Wärme für die Raumheizung zu nutzen (Bild 1.7.6), wodurch sich der Wirkungsgrad deutlich erhöht und die Anlage besonders wirtschaftlich arbeiten kann. Diese Anlagenkonfiguration kann je nach Auslegung auch für die Versorgung von abseits gelegenen Objekten mit mittlerem Energiebedarf dienen. Die Leistungsbereiche solcher kleinen Anlagen betragen zum Beispiel 5 kW bei einer Akkuspannung von 48 oder 60 Volt. Das reicht aus, um ein kleines Niedrigenergiehaus mit 230-Volt-Wechselspannung und Wärme zu versorgen.
Für höhere Leistungsbereiche sind im Handel alle Komponenten für sogenannte modular gekoppelte Wechselstrom-Systeme erhältlich. Durch Kopplung der Verbraucher und vor allem durch die Kopplung aller Erzeuger auf der Wechselstrom- bzw. AC-Seite (Bild 1.7.7) können flexible Systeme aufgebaut werden, die eine Nutzung aller regenerativen Energien (Sonne, Wind, Wasser, Biomasse) mit modularen Systemkomponenten ermöglicht. Entsprechend der Anwendung und den verfügbaren Energiequellen lassen sich neben den erneuerbaren auch konventionelle Energieträger integrieren. Außerdem kann das System mit zusätzlichen Elektrizitätserzeugern sowie mit den dafür erforderlichen Komponenten erweitert und damit dem wachsenden Energiebedarf angepasst werden. Diese Strukturen können zur Versorgung aller elektrischen Verbraucher genutzt werden, auch für ländliche Regionen in Entwicklungs- und Schwellenländern, wo Elektrizität, Wasserversorgung und Trinkwasserreinigung oft nicht selbstverständlich sind. Einige Unternehmen zählen zu den Marktführern in diesen Bereichen und entwickeln ständig modernere und zeitgerechtere Systemtechniken, um den großen Nachfragen aus allen Gebieten der Welt, in denen ein öffentliches Stromnetz fehlt, gerecht zu werden. Der Leistungsbereich derartiger Inselsysteme reicht von einigen kW bis zu 100 kW und kann als Ein- oder Dreiphasen-Wechselstromnetz ausgeführt werden. Wie oben beschrieben, verfügen derartige Systeme über eine Reihe von Vorteilen hinsichtlich der Anlagenplanung und des Aufbaus, auch um die spezifischen Systemkosten erheblich zu senken.

Bild 1.7.7

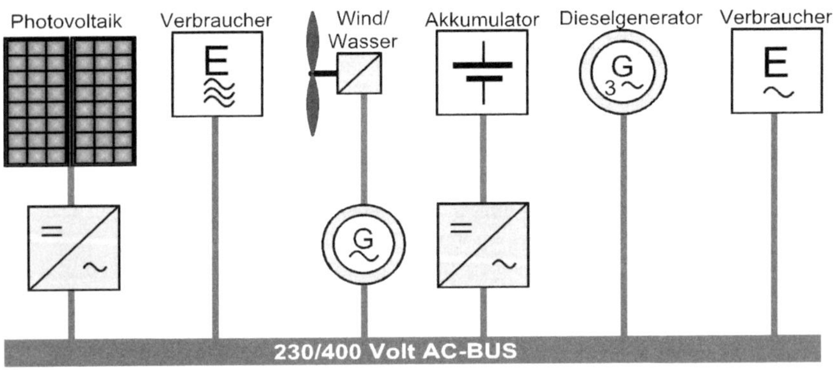

Erweiterbare, modulare Hybrid-Inselanlage mit Wechselstromseitig gekoppelten Elektrizitätserzeugern und Verbrauchern

1.7 Grundlegendes zu Netzgekoppelten-, Insel- und Hybrid-Anlagen

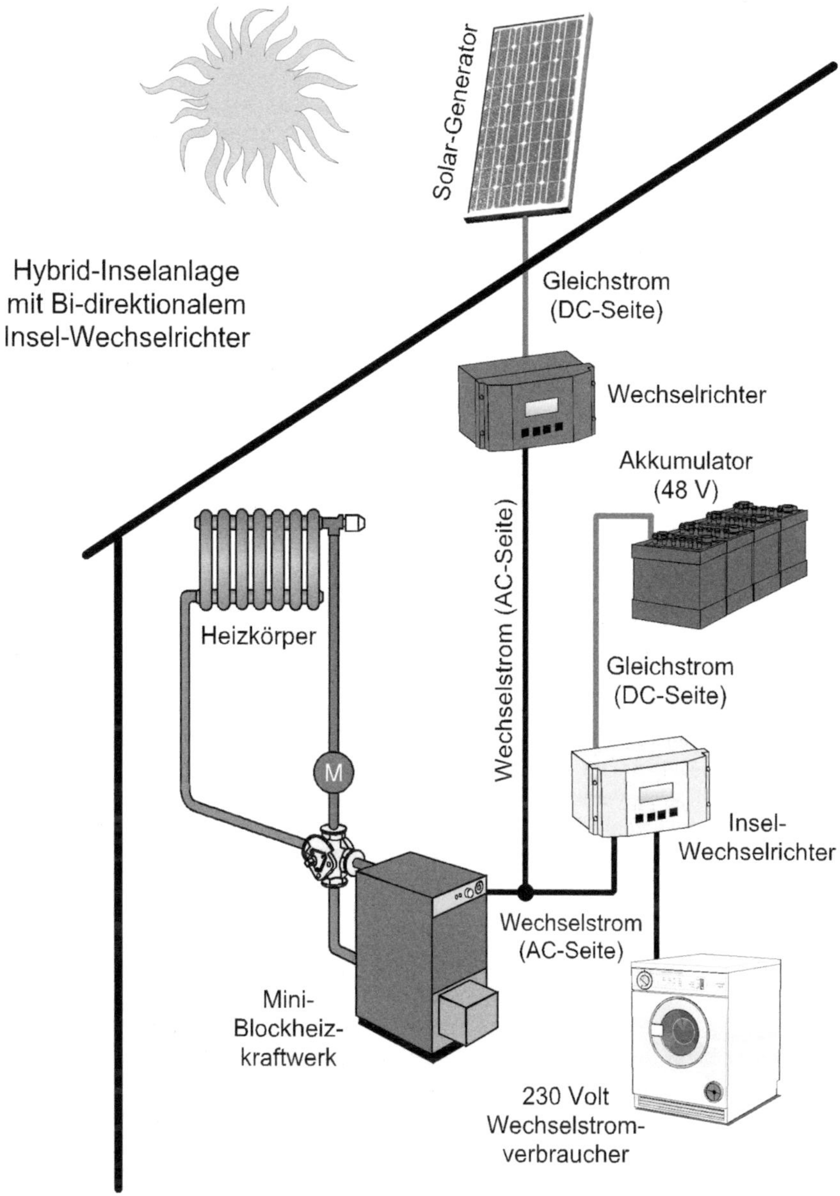

Bild 1.7.6

2.1 Die Solarbatterie

Die Energiespeicherung ist ein wichtiges Thema für Photovoltaik-Inselanlagen, weil die Energiegewinnung und der Energieverbrauch nicht immer gleichzeitig erfolgen. Der tagsüber erzeugte Solarstrom wird oft erst in den Abendstunden zum Beispiel für Beleuchtungszwecke benötigt, so dass eine Zwischenspeicherung der Energie notwendig ist. Darüber hinaus müssen längere Schlechtwetterperioden und Regentage (Autonomiezeit) von der Solarbatterie überbrückt werden.

Anmerkung:

Die Autonomietage sind der Zeitraum, in welchem die Versorgung des Systems komplett vom Akku übernommen wird, ohne dass der Generator Energie zuführt. Die Berücksichtigung von Autonomietagen ist nötig, da sich die Sonneneinstrahlung nicht gleichmäßig über jeden Tag des Monats verteilt und deshalb eine Speicherung der Energie erforderlich ist. Je weiter die Betriebszeit in den Winter hineinreicht und je größer die Versorgungssicherheit sein muss, umso mehr Autonomietage sind einzuplanen. Üblich sind Werte von drei bis sechs Tagen. In Photovoltaik-Inselanlagen kommt in der Regel ein Bleiakkumulator zum Einsatz. Der Bleiakku zeichnet sich durch ein gutes Preisleistungsverhältnis sowie seinem hohen Wirkungsgrad bei großen und kleinen Ladeströmen aus. Er besteht aus mehreren 2-Volt-Zellen, die in einem gemeinsamen Gehäuse untergebracht, zu 12 Volt- und 24 Volt-Batterien, in Reihe geschaltet sind. Bei größeren Akkus werden wegen des hohen Gewichtes mehrere einzelne 2-Volt-Zellen vor Ort aufgestellt und zusammengeschaltet. Durch Serien- und/oder Parallelschaltung können die Akkus entsprechend der erforderlichen Systemspannung und Kapazität verschaltet werden. Die Serienschaltung zweier Solarbatterien verdoppelt die Spannung und die Parallelschaltung zweier Akkus verdoppelt die Akku-Kapazität. Die Akkukapazität wird angegeben in Ampere/Stunden (Ah) und für den Energieverbrauch verwenden wir die Maßeinheit Watt/Stunden (Wh). Um einen Bezug vom Energieverbrauch zu der Akkukapazität (Ah) herzustellen, rechnen wir entsprechend der Akkuspannung die Watt/Stunden in Amperestunden um. Zum Beispiel erfordert ein Energiebedarf von 1200 Watt/Stunden bei einer Batteriespannung von 12 Volt eine entnehmbare Akkukapazität von:

1200 Watt/Stunden : 12 Volt = 100 Ampere/Stunden

Um eine lange Akkulebensdauer zu erreichen, dürfen wir entsprechend dem Akkutyp nur mit 20 % bis 70 %, der vom Hersteller angegebenen Akkukapazität rechnen. Es gibt keinen Standard-Akku der für alle Anwendungsfälle gleichermaßen gut geeignet ist. Aus diesem Grund werden Bleiakkus mit unterschiedlichen Eigenschaften angeboten. Damit Sie entscheiden können, welcher Akkutyp für Ihren Anwendungsfall der richtige ist, werden nachfolgend die wichtigsten Eigenschaften von Akkumulatoren beschrieben.

Blei-Solar-Akkus (Bild 2.1.1) **mit flüssigem Elektrolyten** sind geringfügig abgeänderte Kfz-Starterbatterien mit verstärkten Gitterplatten. Sie zeichnen sich durch eine zwei bis dreimal höhere Zyklenfestigkeit und die damit verbundene höhere Lebensdauer sowie durch eine auf ca. 5 % reduzierte Selbstentladungsrate pro Monat aus. Diese Akkus liefern bei langsamer Entladung mit kleinen Strömen mehr Energie als bei schneller Entladung mit großen Strömen. Die verfügbare Kapazität hängt also von der Größe des Entladestroms und von der Entladezeit ab. Bei Entnahme der Akkuladung in 10 Stunden fließt zwangsläufig ein wesentlich größerer Entladestrom als bei einer 100-stündigen Entladung. Bei der 10-stündigen Entladung kann dem Akku eine Energie von 80 Ampere/Stunden (Ah) entnommen werden, während bei der 100-stündigen Entladung die entnehmbahre Energie mit 100 Ampere/Stunden, um 20 % größer ist (Bild 2.1.2). Beim Wiederaufladen wird im Akku die chemische Veränderung, die der Entladevorgang verursacht hat, rückgängig gemacht. Dieser Vorgang ist nicht vollständig reversibel. Kleine Mengen von Bleisulfat werden nicht wieder aufgelöst, so dass der Akku durch jede Entladung eine geringfügige Kapazitätsschwächung erleidet. Der Kapazitätsverlust ist umso größer je vollständiger die Entladung war. Das heißt, dass sich die „Lebensdauer" eines Bleiakkus mit flüssigem Elektrolyten erheblich erhöht, wenn der Ladevorgang beginnt, bevor der Akku vollständig entladen ist. Wird dem Akku jeweils 50 % seiner Ladung (Energie) entnommen, so kann er zum Beispiel über 400-mal geladen und entladen werden (400 Zyklen) und bei einer jeweils nur 20-prozentigen Entladung sind über 1000 Zyklen möglich. In der Regel ist die Lebensdauer eines Akkus beendet, wenn er im vollgeladenen Zustand nur noch 80 % seiner ursprünglichen Kapazität aufweist.

Bild 2.1.1

Entladezeit eines Bleiakkus mit flüssigem Elektrolyten unter Berücksichtigung der Entladestromstärke

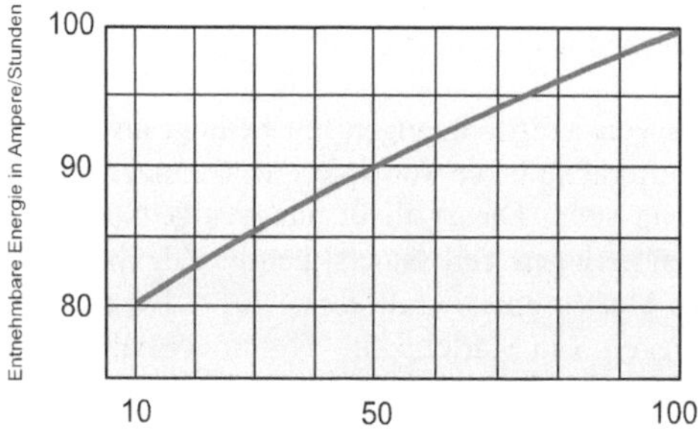

Quelle: VARTA

Bild 2.1.2

Die entnehmbare Energie eines Bleiakkus ist auch von der Temperatur abhängig. Bei niedrigen Temperaturen wird seine Kapazität geringer und bei höherer Temperatur ist die Akkukapazität dem entsprechend größer. Während des Ladevorganges steigt die Akkuspannung an. Sie erreicht nach geraumer Zeit einen Wert, bei dem eine leichte Gasbildung einsetzt. Das austretende Gasgemisch ist hochexplosiv. In der Nähe dieser Gasungsspannung definieren Hersteller die sogenannte Ladeschlussspannung. Sie muss mit einem Laderegler eingestellt werden, damit der Bleiakku keinen Schaden durch Überladung nimmt und die Gefahr der Gasbildung reduziert wird. Das Bild 2.1.3 zeigt die Temperaturabhängigkeit der Ladeschlussspannung, die zum Beispiel bei 50 °C zwischen 2,25 und 2,30 Volt liegt. Mit sinkender Temperatur steigt die Ladeschlussspannung um 0,3 Volt und liegt dann bei -20 °C zwischen 2,55 und 2,60 Volt pro Zelle. Das heißt, dass bei einem 12 Volt-Bleiakku, der einer Temperatur von –20 °C ausgesetzt ist, die Ladeschlussspannung 15,3 bis 15,6 Volt beträgt. Wegen der Temperaturabhängigkeit des Bleiakkus sollte der Laderegler die Temperatur erfassen und dem entsprechend berücksichtigen können.

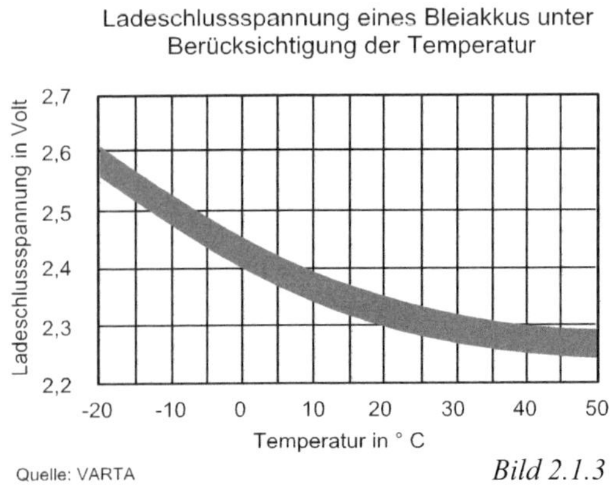

Bild 2.1.3

Um die Lebensdauer eines Bleiakkus zu erhöhen, sollten Sie den Akku 2 bis 3 mal pro Jahr geringfügig überladen bzw. kurzzeitig in die Gasung führen, weil durch die Gasung die Akkusäure durchmischt wird. Zu beachten ist die Explosionsgefahr, die sich durch das beim Überladen entstehende Gas (Wasserstoff) ergibt sowie der Flüssigkeitsverlust des Akkus. Wegen der Gasbildung sollte der Standort gut belüftet sein. Gegebenenfalls ist im Batterieraum ein Ventilator zu installieren, der vom Laderegler gesteuert wird und den Raum automatisch belüftet, bevor der Akku zu gasen beginnt. Grundsätzlich sind bei der Aufstellung und beim Betrieb von ortsfesten Akkuanlagen die maßgebenden DIN VDE Bestimmungen zu beachten (DIN VDE 0510 Teil 2 / Sicherheitsanforderungen an Batterien und Batterieanlagen, Stationäre Batterien) Der Bleiakku (Solarakku) eignet sich besonders gut für den Einsatz im Wochenendhaus, Caravan, Boot und anderen Anlagen mit geringem Stromverbrauch.

Zu beachten ist, dass sich Starterakkus von Kraftfahrzeugen nur bedingt als Akkus für Photovoltaikanlagen eignen. Der Starterakku ist so konzipiert, dass kurzzeitig ein sehr hoher Anlasserstrom zur Verfügung steht. Dieser fließt nur wenige Sekunden und entnimmt dem Akku auch nur einen geringen Teil seiner Energie. Zugunsten einer hohen Kurzzeitleistung, die für das Starten eines Kraftfahrzeuges notwendig ist, leidet beim Starterakku die Zyklenfestigkeit. Ein Starterakku wäre im normalen zyklischen Photovoltaikbetrieb nach relativ kurzer Betriebszeit unbrauchbar, es sei den die Entladetiefe würde auf nur 10 % begrenzt. Das hätte eine Akkukapazität zur Folge die dem mehrfachen der Kapazität eines vergleichbaren Solarakkus entspricht.

Der Blei-Gel-Akku ist ein wartungsfreier Akku, der sowohl in Gitterplatten- als auch in Panzerplattenausführung erhältlich ist. Bei diesem Akkutyp tritt unterhalb der Ladeschlussspannung keine Gasentwicklung auf. Somit kann er verschlossen gebaut werden und das Nachfüllen mit destilliertem Wasser entfällt. Dieser Akkutyp enthält ein Gel, das die flüssige Säure ersetzt. Er zeichnet sich besonders durch seine höhere Zyklenfestigkeit und die Wartungsfreiheit aus. Da keine Gasung auftreten kann, eignet sich der Blei-Gel-Akku auch für den Einsatz in kleinen Räumen mit geringerer Belüftung. Darüber hinaus ermöglicht das geschlossene und auslaufsichere Gehäuse einen lageunabhängigen Einbau. Zu beachten ist, dass der Blei-Gel-Akku einen speziellen Laderegler benötigt. Bei Blei-Gel-Akkus, die anstelle eines flüssigen einen festen gelartigen Elektrolyten enthalten, ist die Ladeschlussspannung besonders niedrig. Diese Akkus reagieren aufgrund dessen sehr sensibel auf Überladung, so dass bei der Einstellung des Ladereglers die exakte Einhaltung der Ladeschlussspannung sehr wichtig ist.

Der ortsfeste OPzS-Akku mit flüssigem Elektrolyten und der ortsfeste OPzV-Akku mit festgelegtem Elektrolyten (Gel) ist keine Spezialentwicklung für Photovoltaikanlagen. Bei diesen Panzerplatten-Akkus handelt es sich vielmehr um seit Jahrzehnten bewährte und ausgereifte Produkte, die meist in Notstromanlagen zum Einsatz kommen. Diese Akkus sind mit einer Lebensdauer von 15 bis 20 Jahren für den Dauerbetrieb ausgelegt. Neben der Anwendung in Notstromanlagen eignet sich der Panzerplatten-Akku besonders gut für die ganzjährige Nutzung in Photovoltaik- und Hybrid-Inselanlagen mit größerem Stromverbrauch. Die bis zu 5-mal höhere Zyklenfestigkeit und die geringe Selbstentladerate haben, mit zwei- bis dreimal so hohen Anschaffungskosten, ihren Preis. Aufgrund der längeren Lebensdauer ist der höhere Preis durchaus gerechtfertigt, so dass auch dieser verhältnismäßig teure Akku für verschiedene Anwendungsfälle als wirtschaftliche Lösung gilt. Das Diagramm (Bild 2.1.4) zeigt zum Vergleich die Zyklenfestigkeit eines Solar- und die eines Panzerplatten-Akkumulators.

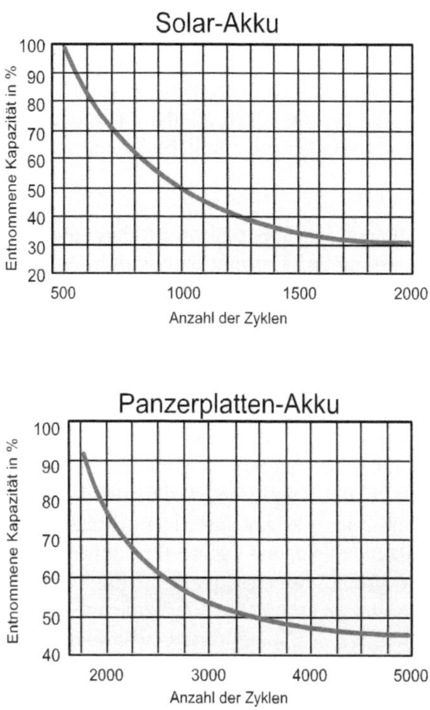

Quelle: SONNENSCHEIN

Bild 2.1.4

Eine weitere wichtige Eigenschaft von Bleiakkumulatoren ist der Energiewirkungsgrad, der das Verhältnis von der zugeführten zur entnehmbaren Energie angibt. Aufgrund interner Verluste liegt der Energiewirkungsgrad je nach Bleiakkutyp bei ca. 70 bis 85 %. Das heißt, dass nach dem Laden des Akkus mit 100 Ampere/Stunden nur 70 bis 85 Ampere/Stunden entnehmbare Energie zur Verfügung steht.

Akkuspannung in Volt	Ladezustand in %
11,76	0 %
11,94	20 %
12,06	40 %
12,30	60 %
12,48	80 %
12,72	100 %

Die aktuell entnehmbare Energie (Ladezustand) eines Solar-Akkus kann man über die Messung der Leerlaufspannung ermitteln. Für diesen Zweck muss der Akku zuvor einige Stunden unbelastet sein, da zum Beispiel die Spannung eines 12 Volt Blei-Gitterplatten-Solarakkus unmittelbar nach dem Laden über 14 Volt beträgt. Dieser Wert sinkt im unbelasteten Zustand des Akkus innerhalb weniger Stunden auf einen Wert, der Rückschlüsse auf den Ladezustand zulässt (siehe Tabelle). Um eine Schädigung des Akkus zu vermeiden, muss beim Entladen der Laderegler rechtzeitig die Verbraucher abschalten. Bei einem 12 Volt Solar-Akku liegt die sogenannte Entladschlussspannung zwischen 10,2 und 10,8 Volt bzw. zwischen 1,7 und 1,8 Volt bei einer Zelle. Wird der Solar-Akku aufgrund eines nicht richtig eingestellten oder defekten Ladereglers tiefer entladen, so kann er dauerhaft geschädigt bzw. unbrauchbar werden. Bei geringer Tiefentladung kann, je nach dem Grad der Tiefentladung, ein sofortiges Aufladen eventuell bleibende Kapazitätsminderungen reduzieren.

Sicherheitshinweise und Wartung:

Um eine hohe Betriebssicherheit und eine lange Verfügbarkeit eines Akkumulators zu ermöglichen, sollte alle 6 Monate eine Wartung und Prüfung durchgeführt werden. Zu empfehlen ist eine Reinigung der Akku-Oberseite, um mögliche Kurzschlüsse durch Ablagerungen und feuchten Staub zu vermeiden. Anschließend sollte eine Kontrolle der Anschlüsse und der eventuell vorhandenen Zellverbinder auf festen Sitz sowie eine Kontrolle des Elektrolytpegels stattfinden. Gegebenenfalls muss destilliertes Wasser nachgefüllt werden. Die zuvor beschriebene Messung der Zell- bzw. Blockspannungen durchführen. Darüber hinaus sollte eine Vollladung auf 2,4 Volt pro Zelle mit Gasungsphase über einige Stunden durchgeführt werden, um die Batteriesäure gut zu durchmischen (nicht bei Gel-Akkus). Zu prüfen ist, dass der Temperaturbereich am Standort zwischen -20 °C und +40 °C liegt und die Luftfeuchtigkeit nicht über 95 % hinausgeht. Wegen der ätzenden Schwefelsäure und aufgrund der Bildung explosiver Gase stellen Akkus die größte Gefahrenquelle in Photovoltaik-Inselanlagen dar. Schwefelsäure führt bei Kontakt zu schweren Verätzungen an Haut, Atmungsorganen und Augen. Grundsätzlich sollte der Standort so gewählt sein, dass der Akku keinen extremen Temperaturen und keinem direkten Sonnenlicht ausgesetzt ist. In Gebieten mit Hochwassergefahr ist der Standort des Akkus so zu wählen, dass er außerhalb des Überschwemmungsbereiches liegt.

2.2 Der Laderegler

Bild 2.2.1

Die zuverlässige Stromversorgung einer Photovoltaik-Inselanlage ist abhängig vom Laderegler (Bild 2.2.1), der als Bindeglied zwischen Photovoltaik-Generator, Solarakku und den Verbrauchern zum Einsatz kommt. Das Bild zeigt einen einfachen Laderegler mit Überlade- und Tiefentladeschutz für kleine Inselsysteme.
Die Systemspannungen in Inselanlagen liegen üblicherweise bei 12, 24, 48 und 60 Volt. Die Spannung des Photovoltaik-Generators ist auf die Spannung des Solarakkus abzustimmen. Das heißt, die Ladespannung, also die Spannung des Photovoltaik-Generators, muss grundsätzlich höher als die Akkuspannung sein, damit die MPP-Spannung auch bei höheren Temperaturen zum Laden der Akkus ausreicht. MPP ist die Abkürzung für Maximum Power Point (Punkt maximaler Leistung). Im MPP eines Solarmoduls kann die maximale Leistung entnommen werden. Zum Beispiel beträgt die diesbezügliche Akkuspannung bei einer Bleiakkuzelle 2,4 Volt. Die 12-Volt-Solarbatterie erreicht den sechsfachen Wert und die 24-Volt-Solarbatterie erreicht das Zwölffache (14,4 bzw. 28,8 Volt).
Kristalline Solarmodule mit 36 bis 40 Solarzellen liefern eine Nennspannung von 15 bis 18 Volt. Bei niedrigen Temperaturen steigt die Modulspannung auf über 20 Volt und die Leerlaufspannung geht hoch auf ca. 25 Volt, so dass die Ladeschlussspannung des Akkus weit überschritten wird. Aus diesem Grund misst der Laderegler die Akkuspannung und schützt den Akku vor Überladung – entsprechend dem Ladereglertyp – entweder durch rechtzeitiges Abschalten (Serienladeregler) oder durch Kurzschließen (Shuntladeregler) des Photovoltaik-Generators.
Darüber hinaus bietet der MPP-Laderegler bei größeren Anlagen eine wirtschaftliche Lösung durch die Anpassung der Ladespannung. Bei Überschreiten der Ladeschlussspannung regelt der MPP-Laderegler auf einen für den Solarakku zulässigen Wert, der unterhalb der Ladeschlussspannung liegt. Aus energietechnischen Gründen ist der Einsatz eines MPP-Ladereglers erst ab einer Photovoltaik-Generatorleistung von 300 Watt angebracht. Bei kleineren Leistungen sind die Verluste des Reglers höher als der Gewinn den man eventuell durch die MPP-Regelung erzielt. Durch den schaltungstechnischen Aufwand ist der höhere Preis eines MPP-Laderegler gerechtfertigt und dessen Anwendung ist auch wirtschaftlich, wenn er in Photovoltaik-Inselanlagen mit größerer Leistung zum Einsatz kommt.
Bei geringer Sonneneinstrahlung und natürlich bei Dunkelheit bricht die Photovoltaik-Spannung zusammen, so dass sich der Akku über den Photovoltaik-Generator

entladen würde. Um dieses zu verhindern muss eine Rückstromdiode eingesetzt werden, sofern sie nicht bereits im Laderegler integriert ist.
Beim Erreichen der zulässigen Akkuentladung stellt sich die Entladeschlussspannung ein, so dass der Laderegler die Verbraucher, meist über ein Relais, vom Akkumulator trennt, um eine Schädigung des Akkus zu verhindern (Tiefentladeschutz). Von Vorteil ist ein Laderegler der bereits vor dem Erreichen des Abschaltpunktes optisch und/oder akustisch signalisiert, dass er den oder die Verbraucher bald abschaltet.
Ein Unterschreiten der Entladeschlussspannung kann auch auftreten, wenn die Akkuspannung durch eine kurzeitige hohe Stromentnahme absinkt, die zum Beispiel der Anlaufstrom eines Elektromotors verursacht. Infolgedessen schaltet der Laderegler die Verbraucher ab, auch dann, wenn der Solar-Akku noch über eine Teilladung verfügt. In vielen Fällen geht nach einer kurzen „Erholungspause" die Akkuspannung wieder hoch und könnte kleine Verbraucher, zum Beispiel ein Rundfunkgerät, noch einige Stunden betreiben, ohne dass die Akkuspannung erneut unter die Entladeschlussspannung absinkt. Praktisch ist in diesem Fall, wenn der Laderegler über eine Rücksetztaste verfügt. Die Rückstelltaste ermöglicht nach dem automatischen Abschalten das manuelle Wiedereinschalten der Verbraucher.
Hochwertige Laderegler können die Lebensdauer eines Akkumulators wesentlich verlängern. Der Laderegler muss die Eigenschaften unterschiedlicher Akkuarten (Akkus mit flüssigem Elektrolyten und Gel-Akkus) erkennen und den Alterungszustand des Akkus berücksichtigen. Weiterhin ist es wichtig, dass der Laderegler die Temperatur erfasst. Zur Überwachung der Akkutemperatur wird ein Temperaturfühler verwendet, der am Solarakku angelegt und über eine Leitung mit dem Laderegler zu verbinden ist. Moderne Laderegler verfügen über Mikroprozessoren und Fuzzy-Logik-Reglern. Sie reagieren flexibel auf das Photovoltaik-Inselsystem und sie sind in der Lage, den Ladezustand des Akkumulators zu erkennen und können sich der verfügbaren Kapazität, dem Alter sowie der Temperatur des Akkus anpassen. Weiterhin wird eine schonende Ladung des Akkus durch eine Pulsweitenmodulation des Ladestroms sichergestellt.
Viele Geräte besitzen ein Display für die Anzeige der wichtigsten elektrischen Größen wie Akkuspannung, Ladezustand, Ladestrom und Laststrom. Bei vielen Reglern ist eine Überwachung des Verbraucherstromes, der Akkuspannung und der Ladereglertemperatur integriert. Überschreitet der Verbraucherstrom einen bestimmten Grenzwert schaltet der Laderegler die Verbraucher ab. Häufig ist auch ein Verpolungsschutz vorhanden, um Montagefehlern beim Anschluss der Systemkomponenten vorzubeugen.
Laderegler sind zum Beispiel erhältlich für Akkuspannungen von 12 Volt und 24 Volt. Darüber hinaus gibt es Laderegler, die sich für beide Systemspannungen eignen. Diese Laderegler müssen entweder manuell auf die Akkuspannung eingestellt werden oder der Laderegler erkennt die vorhandene Systemspannung und stellt sich automatisch ein. Grundsätzlich muss der Laderegler für den maximalen Photovoltaik-Generatorstrom und auch für die maximalen Verbraucherströme ausgelegt sein.

Laderegler können sowohl auf der Photovoltaik-Generatorseite als auch auf der Lastseite nur einen begrenzten Strom vertragen. Zur Absicherung der empfindlichen Laderegler-Leistungselektronik ist eine entsprechende Sicherung eingebaut. Für den maximal zulässigen Photovoltaik-Generatorstrom und den maximal zulässigen Laststrom sind meist dieselben Grenzwerte gesetzt. Die handelsüblichen Laderegler eignen sich für Ströme von 5 bis zu maximal 30 Ampere.

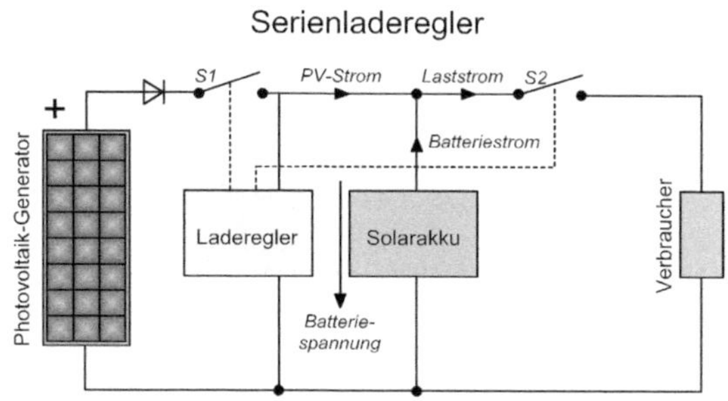

Bild 2.2.2

Das Bild 2.2.2 zeigt das Prinzip eines Serienreglers. Der Serienregler unterbricht bei Erreichen der Ladeschlussspannung den Photovoltaik-Generatorstrom mit den Relaiskontakt S1 oder über einen Leistungshalbleiter und schaltet ihn nach einem bestimmten Spannungsabfall wieder zu. Dadurch entstehen ständige Schaltvorgänge im Bereich der Ladeschlussspannung sowie permanente Durchlassverluste. Modernere Serienladeregler sind aus diesem Grund mit einer kontinuierlichen Regelung ausgestattet.

Bild 2.2.3

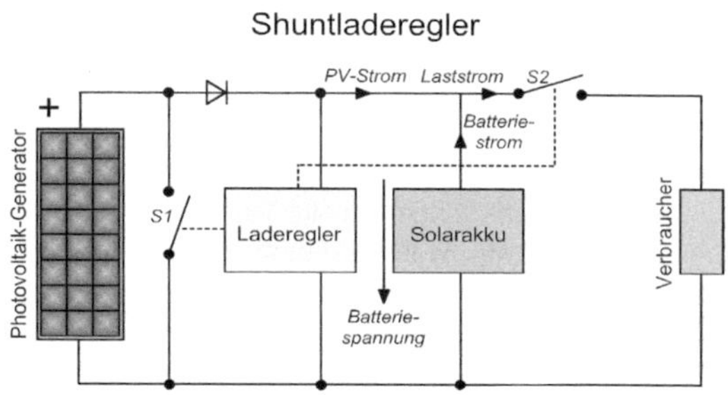

Der Shuntregler wird auch Parallelregler genannt. Er regelt den Generatorstrom kontinuierlich nach unten, sobald die Ladeschlussspannung erreicht ist. Da der Photovoltaik-Generator trotzdem weiterproduziert wird der nicht benötigte Teil des Generatorstroms als Kurzschlussstrom im Photovoltaik-Generator in Wärme umgewandelt. Der Kurzschlussstrom wird von den Photovoltaik-Modulen problemlos vertragen, da er nur zu einer geringfügigen Erwärmung der Solarmodule führt. Für den Solarakku ist diese Methode von Vorteil, weil er zügig aufgeladen wird (Bild 2.2.3).

2.3 Insel-Wechselrichter (Selbstgeführte Wechselrichter)

Bild 2.3.1

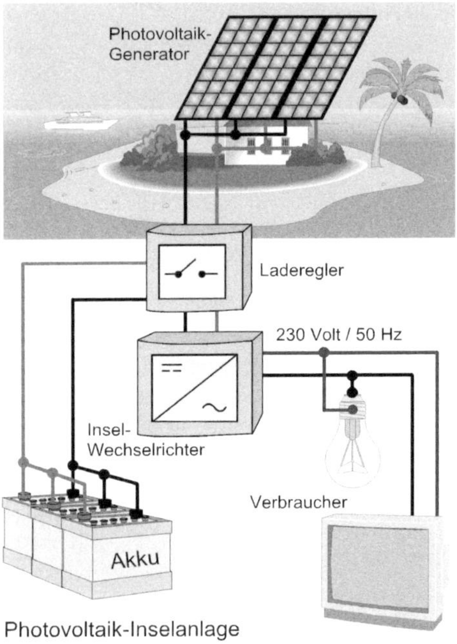

Photovoltaik-Inselanlage

Um in einer Photovoltaik-Inselanlage handelsübliche Haushaltsgeräte, Unterhaltungselektronik, Elektrowerkzeuge usw. betreiben zu können, kommen Insel-Wechselrichter zum Einsatz. Der Wechselrichter ist ein elektronisches Gerät, das den vom Photovoltaik - Generator gelieferten Gleichstrom in Wechselstrom umwandelt und zugleich die Wechselspannung auf zum Beispiel 225 Volt +/- 5 % und 50 Hz +/- 1 % stabilisiert.

Die wechselstromseitige Leistung (Ausgangsleistung) des Wechselrichters sollte mindestens der Nennleistungen aller gleichzeitig zu versorgenden Wechselstromverbraucher + einer Sicherheitsreserve entsprechen. Die Spitzenleistung des Wechselrichters, liegt entsprechend dem Wechselrichtertyp ca. beim 2- bis 3fachen seiner Dauerleistung. Die Spitzenleistung wird im Normalfall nur für kurze Zeit bereitgestellt und ermöglicht einen kurzzeitig hohen Einschaltstrom für Verbraucher mit einem Elektromotor, wie Staubsauger, Kühlschrank, Bohrmaschine. Wechselrichter mit kleiner Leistungsaufnahme können wie ein Verbraucher am Laderegler angeschlossen werden (Bild 2.3.1), wenn der maximale Strom aller gleichzeitig zu betreibenden Verbraucher, inklusive dem Strom des Wechselrichters, den zulässigen Wert des Ladereglers nicht überschreitet.

Weiterhin sind im Handel Insel-Wechselrichter erhältlich, die Sinus-Wechselrichter und Solarladeregler mit Tiefentladeschutz in einem Gerät enthalten. Dadurch wird die Installation und Verdrahtung einer Solaranlage wesentlich vereinfacht. Mit Hilfe von Mikroprozessoren wird aus der 12 Volt oder 24 Volt Gleichspannung eine echte Sinusspannung von 230 Volt erzeugt. Darüber hinaus verfügen diese Laderegler-Wechselrichter-Kombinationen nicht nur über einen Anschluss für 230 Volt-Verbraucher, sondern entsprechend der Akkuspannung können auch 12 Volt oder 24 Volt-Verbraucher an dem Gerät angeschlossen werden (Bild 2.3.2).

Einige Wechselrichtertypen können kurzzeitig das 3-fache ihres Nennstroms liefern und sind zusätzlich mit einer sogenannten Softstart-Funktion ausgestattet, die den problemlosen Anlauf von induktiven Lasten (Bohrmaschinen, Pumpen, Kühlschränke) ermöglicht. Umfangreiche Schutzmaßnahmen gegen Überlast, Überhitzung und Kurzschluss garantieren dabei eine optimale Betriebssicherheit. Geringes Gewicht und hoher Wirkungsgrad runden die Leistungsmerkmale einer guten „Solarstation" ab. Darüber hinaus sollte ein guter Insel-Wechselrichter mit einem LCD-Display ausgestattet sein, das alle wichtigen Daten anzeigt und über eine Schnittstelle verfügt, so dass Sie die Solardaten mit einem PC auslesen, speichern und weiter verarbeiten können.

Bild 2.3.2

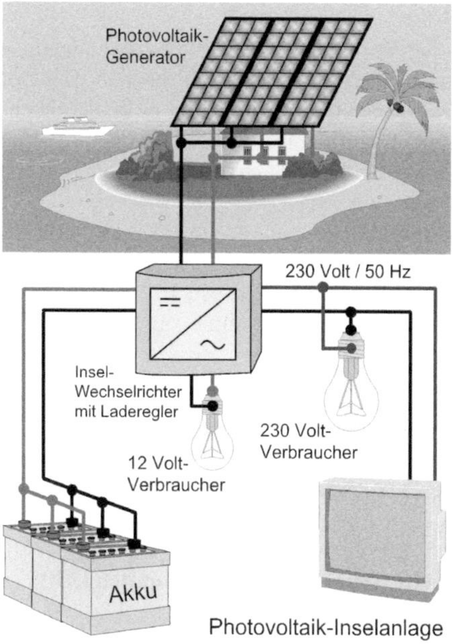

Photovoltaik-Inselanlage

Da an diesem Wechselrichter der Betrieb von 12 V- / 24 V-Verbrauchern möglich ist, können Sie zum einen preisgünstiges Autozubehör verwenden und zum anderen auch „normale" 230 Volt-Geräte mit Spannung versorgen. Somit sind Sie flexibel bei der Auswahl der benötigten Geräte, die Sie dann nach dem Preisleistungsverhältnis und dem Energieverbrauch auswählen können. Grundsätzlich ist zu beachten, dass der direkte Anschluss des Wechselrichters am Solarakku immer einen Wechselrichter mit integriertem Tiefentladeschutz erfordert. Für die ganzjährige Nutzung einer Inselanlage ist es in Deutschland erforderlich, einen Insel-Wechselrichter einzusetzen, der zumindest zwei oder mehrere Stromerzeuger koppeln kann. Grund dafür ist der zu geringe Energieertrag eines Photovoltaik-Generators in den Wintermonaten. Um den Anforderungen einer Inselanlage im mittleren Leistungsbereich gerecht zu werden müssen Sie den Photovoltaik-Generator, zum Beispiel mit einem Dieselgenerator, kombinieren. Das heißt, der Insel-Wechselrichter versorgt die Hybridinselanlage über den Photovoltaik-Generator, den Dieselgenerator und einem Akkumulator mit der 230-Volt-Wechselspannung. Um einen koordinierten und wirtschaftlich optimierten Betrieb einer solchen Anlage zu gewährleisten, ist der Einsatz eines speziellen Inselwechselrichters erforderlich, der über ein dementsprechendes Energiemanagement verfügt. Darüber hinaus sollte anstelle des Dieselgenerators oder zusätzlich zum Dieselgenerator auch die Kombination mit einem kleinen Wind- oder Wasserkraftwerk möglich sein.

2.4 Auslegung einer Photovoltaik-Inselanlage

Vor der Ermittlung des Energiebedarfs der Verbraucher einer Photovoltaikanlage sollten Sie sich zunächst Gedanken über die Einsparmöglichkeiten machen. Der Solarstrom sollte grundsätzlich nur für Zwecke genutzt werden, für die es keine gleichwertigen Alternativen gibt. Etwa für Pumpenmotore, Licht und Elektrogeräte. Von entscheidender Bedeutung ist der Einsatz Strom sparender Geräte, insbesondere wenn diese häufig in Betrieb sind.
Die Auslegung einer kleinen Photovoltaik-Inselanlage kann entsprechend dem nachfolgend beschriebenen Schema durchgeführt werden. Der Planungsablauf wird in einer Methode dargestellt, die für kleine Anlagen gut geeignet ist. Bei komplexeren Anlagen ist es dagegen sinnvoll Computer-Simulationsprogramme zur Unterstützung der Planung heranzuziehen.

1. **Ermittlung der Gesamtleistung und des Gesamtverbrauchs**

2. **Dimensionierung des Photovoltaikgenerators (Generatorspitzenleistung in Watt/peak (Wp))**

3. **Dimensionierung des Solar-Akkus (Kapazität in Ampere/Stunden (Ah))**

Entscheidend für die Größe der Photovoltaik-Inselanlage ist die Gesamtleistung und Gesamtverbrauch der zum Einsatz kommenden Geräte. Um den Energiebedarf zu ermitteln, wird eine Liste mit den benötigten Elektrogeräten erstellt und deren Nennleistung in Watt eingetragen. Die Betriebszeiten müssen Sie abschätzen und ebenfalls in der Liste aufführen. Der Tagesenergiebedarf ergibt sich aus der Leistung (in Watt) aller zu versorgenden Elektrogeräte und der täglichen Betriebszeit. Die Tabelle 2.4.1 enthält ein Beispiel für den Energiebedarf einer kleinen Gartenlaube im Raum Nürnberg.

1. Ermittlung der Gesamtleistung und des Gesamtverbrauchs

Verbraucher	Nennleistung in W	Tägliche Betriebszeit in h	Täglicher Verbrauch in Wh
4 Lampen	100 W	2 Stunden	200 Watt/Stunden
1 Kühlschrank	150 W	2 Stunden	300 Watt/Stunden
1 Fernseher	100 W	2 Stunden	200 Watt/Stunden
1 Pumpe	100 W	3 Stunden	300 Watt/Stunden
Gesamtleistung:	450 W	Gesamtverbrauch:	1000 Watt/Stunden

Tabelle 2.4.1

Beachten Sie, dass für die Auslegung des Systems nicht nur der Tagesverbrauch, sondern auch die Spitzenleistung wichtig ist. Alle eingesetzten Komponenten müssen die Spitzenleistung verarbeiten können (Beispiel 450 Watt) und für den maximalen Strom ausgelegt sein der fließt, wenn alle Verbraucher gleichzeitig betrieben werden. Der maximale Strom ergibt sich aus der Gesamtleistung geteilt durch die Spannung des zum Einsatz kommenden Solar-Akkus.

Beispiel : 450 Watt : 12 Volt = 37, 5 Ampere

Der errechnete Wert (37,5 Ampere) ist verhältnismäßig hoch, so dass dementsprechend große Verluste auftreten bzw. Leitungen mit einer großen Leiterquerschnittsfläche erforderlich sind. Darüber hinaus sind Laderegler, die sich für einen Strom von über 30 Ampere, eignen verhältnismäßig teuer. Aus diesem Grund sollte ein 24 Volt-Akku zum Einsatz kommen. Das hat den Vorteil, dass sich der zuvor errechnete maximale Strom auf 18,75 Ampere halbiert.

Beispiel : 450 Watt : 24 Volt = 18,75 Ampere

Das heißt, dass unter Berücksichtigung einer Sicherheitsreserve von 25 % ein Laderegler mit einem Nennstrom von 30 Ampere zum Einsatz kommen kann und kleinere Leiterquerschnitte ausreichen.

2. Dimensionierung des Photovoltaikgenerators

Die Globalstrahlung ist die Summe der direkten und der diffusen Strahlung. Unter direkter Strahlung verstehen wir den Teil der Sonnenstrahlung, der ohne Streuung auf die Erdoberfläche trifft. Die Häufigkeit und Dauer sind für die Photovoltaiktechnik maßgebende Werte.

Die Dimensionierung des Photovoltaikgenerators erfolgt unter Berücksichtigung der mittleren täglichen Einstrahlung. Dazu ist es notwendig, die Wetterdaten des Standorts zu kennen. Die Einstrahlungswerte auf die horizontale Ebene werden zum Beispiel vom Deutschen Wetterdienst gemessen und sind als langjährige Mittelwerte dort verfügbar. In der nachfolgenden Tabelle sind die täglichen Einstrahlungswerte in Kilowatt/Stunden pro Quadratmeter horizontale Fläche aufgeführt.

Für eine Photovoltaikanlage, die mehrere Monate genutzt werden soll, wird zur Auslegung des Photovoltaik-Generators der Monat im Betriebszeitraum der Anlage herangezogen, der die geringste Einstrahlung hat. Da auch in diesem Monat die an jedem Tag gelieferte Energie ausreichen muss, um den Bedarf zu decken. In den übrigen Tagen bzw. Monaten herrscht eine Überproduktion.

Die Tabelle enthält nur die Sommermonate (April bis September), da in den übrigen Monaten die Sonneneinstrahlung in Deutschland sehr gering ist und eine zuverlässige Stromversorgung nur durch den zusätzlichen Einsatz eines Dieselgenerators oder eines anderen, von der Sonne unabhängigen, Stromerzeugers möglich ist. Darüber hinaus wäre eine Photovoltaikanlage, die die Stromversorgung auch im Winter halbwegs sicherstellt, für den Sommer maßlos überdimensioniert.

Mittlere tägliche Globalstrahlung in KWh pro m² horizontale Fläche (K1)

Stadt/Monat	April	Mai	Juni	Juli	August	Sept.
Berlin	3,49	4,77	5,44	5,26	4,58	3,05
Bonn	3,33	4,82	4,38	4,15	3,63	2,76
Freiburg	3,60	4,70	5,20	4,83	4,55	3,46
Hamburg	3,55	4,67	5,44	4,82	4,34	2,79
Nürnberg	3,07	5,66	5,84	5,03	4,52	2,99
Würzburg	4,04	5,03	5,54	5,34	4,49	3,53

Tabelle 2.4.2

Da sich die Werte aus der Tabelle 2.4.2 auf eine horizontale Anordnung der Solar-Module beziehen, muss für die weitere Berechnung der Korrekturfaktor für Modulausrichtung und Modulneigung (Tabelle 2.4.3) berücksichtigt werden. Hinzu kommt die Abweichung der Zelltemperatur von der Normtemperatur (25 °C), die ebenfalls mit dem maßgebenden Wert aus der Tabelle 2.4.4 zu berücksichtigen ist.

Korekturfaktoren für Ausrichtung und Neigung (K2) *Tabelle 2.4.3*

Richtung Neigung	April	Mai	Juni	Juli	August	Sept.
Süd 30°	1,08	1,00	0,96	0,97	1,03	1,17
Süd 45°	1,05	0,94	0,90	0,91	1,00	1,18
Süd 60°	0,98	0,85	0,81	0,83	0,92	1,14
SW/SO 30°	1,07	1,00	0,97	0,98	1,03	1,15
SW/SO 45°	1,05	0,95	0,91	0,92	1,00	1,16
SW/SO 60°	0,99	0,88	0,82	0,84	0,93	1,12
W/O 30°	0,98	0,97	0,96	0,96	0,97	0,99
W/O 45°	0,95	0,93	0,92	0,92	0,94	0,96
W/O 60°	0,89	0,88	0,86	0,86	0,88	0,92

Korrekturfaktoren zur Berücksichtigung der Zelltemperatur (K3) *Tabelle 2.4.4*

April	Mai	Juni	Juli	August	Sept.
0,91	0,88	0,87	0,86	0,86	0,89

Um zu einem guten Ergebnis zu gelangen, müssen auch die Umwandlungs-, Leitungs- und Anpassungsverluste berücksichtigt werden. Der Umwandlungsverlust ergibt sich aus dem Energie-Wirkungsgrad des Akkus, der zwischen 0,7 und 0,9 liegt.

Für die folgende Beispielberechnung verwenden wir den Mittelwert von 0,8. Die Leitungsverluste ergeben sich aus 2 x 3 %. Zum einen entstehen 3 % Verlust auf dem Leitungsweg vom Photovoltaik-Generator über den Laderegler zum Akku und zum anderen 3 % Verlust auf dem Leitungsweg vom Akku über den Laderegler zum Verbraucher. Bei den 3 % handelt es sich um einen Maximalwert, der vorgegeben ist und in Photovoltaikanlagen nicht überschritten werden sollte. Die 6 % Leitungsverlust ergeben einen für die Berechnung der Leitungsverluste anzuwendenden Faktor von 0,94. Der Anpassungsverlust ergibt sich aus der schwankenden Leistung des Photovoltaik-Generators, die sich auf das Laden des Akkus mit ca. 10 % auswirkt. Das heißt, das Berechnungsbeispiel erhält einen weiteren Verlustfaktor (0,9). Bei Berücksichtigung der zuvor bezeichneten Verluste ergibt sich der Gesamtverlust aus:

0,8 (Umwandlung) x 0,94 (Leitung) x 0,9 (Anpassung) = 0,68 Gesamtverlust

Der zuvor ermittelte und für die Berechnung der Photovoltaik-Generatorleistung maßgebende Energieverbrauch beträgt 1000 Wh. Ausgehend von einer Nutzung einer Gartenlaube im Raum Nürnberg von April bis September, ist der für die Berechnung maßgebende Wert, der Wert für den Monat mit der geringsten Globalstrahlung, nämlich der September mit 2,99 Kilowatt pro Quadratmeter horizontaler Fläche (Tabelle 2.4.2). Bei einer angenommenen Ausrichtung des Photovoltaik-Generators nach Süden mit einem Neigungswinkel von 30° sowie einer Überproduktion in den Monaten von April bis August verwenden wir für die Berechnung den Korrekturfaktor 1,17 für den Monat September aus der Tabelle 2.4.3. Als Korrekturfaktor zur Berücksichtigung der Zelltemperatur verwenden wir – für unser Rechenbeispiel – auch den Wert für den Monat September (0,89) aus der Tabelle 2.4.4.
Aus all den zuvor ermittelten Faktoren und Werten ergibt sich nun für die Berechnung der Photovoltaik-Generatorleistung folgende Formel:

$$\textbf{Generatorleistung} = \frac{\textbf{Energieverbrauch}}{\textbf{K1 x K2 x K3 x V}} = \frac{\textbf{1000 Wh}}{\textbf{2,99 x 1,17 x 0,89 x 0,68}} = \textbf{472 Wp}$$

Teilen wir die Nennleistung eines der erforderlichen Solarmodule durch die Photovoltaik-Generatorleistung, so ergibt sich die Anzahl der benötigten Solarmodule. Handelsübliche Module haben zum Beispiel eine Nennleistung von 80 Wp und 100 Wp. Für die Errichtung eines Photovoltaik-Generators mit der zuvor berechneten Leistung wären somit sechs Solarmodule mit einer Nennleistung von je 80 Watt/peak oder 5 Solarmodule mit einer Nennleistung von je 100 Watt/peak erforderlich. Da wir aus den zuvor genannten Gründen eine Photovoltaik-Inselanlage mit einer Systemspannung von 24 Volt planen, können wir die Solarmodule nicht alle parallel schalten, wegen der zu geringen Nennspannung von 17 Volt, die nicht ausreicht, um einen 24-Volt-Akku zu laden. Aus diesem Grund müssen jeweils 3 Module parallel geschaltet werden. Die sich daraus ergebenden 2 Solarmodulstränge werden in Serie geschaltet, um eine Photovoltaik-Generatorspannung zu erhalten, die sich zum Laden einer 24-Volt-Solarbatterie eignet (Bild 2.4.5).

Bild 2.4.5

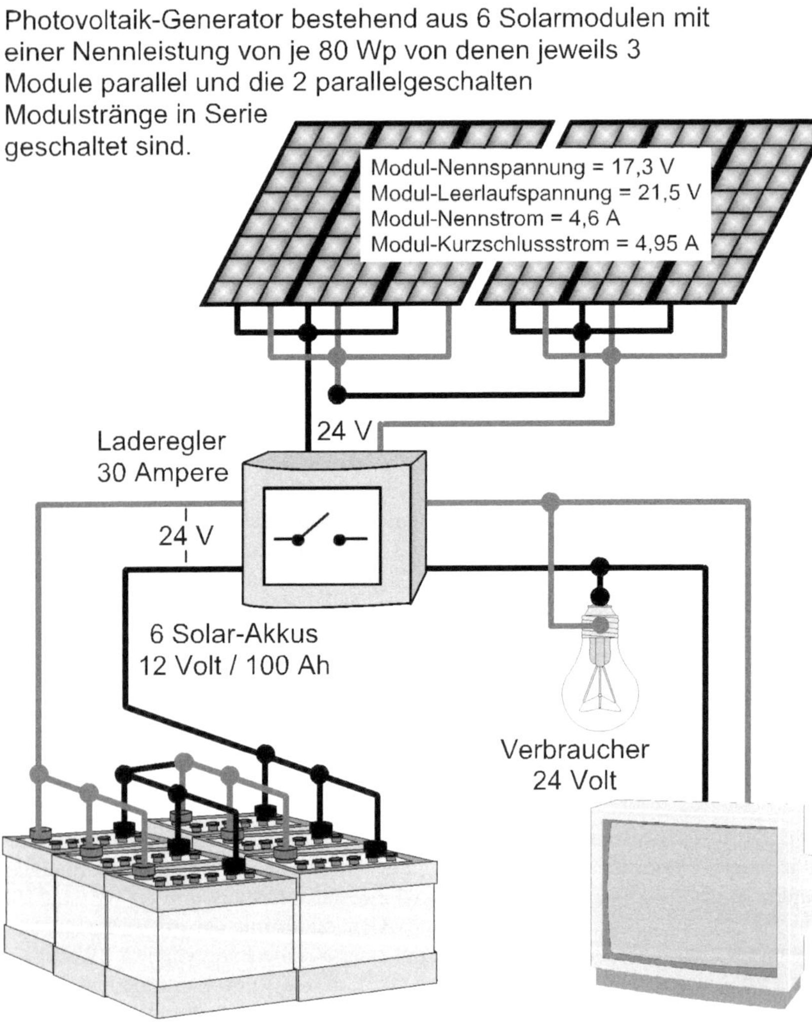

Bei der Auswahl eines geeigneten Ladereglers ist zu beachten, dass der Shunt-Laderegler bei einem vollgeladenem Solar-Akku die Solar-Module kurzschließt. Aus diesem Grund muss der Regler den maximalen Strom der Solarmodule plus einer Sicherheitsreserve von ca. 25 % aufweisen. Die ausgewählten 80-Watt-Solarmodule liefern einen Kurzschlussstrom von 4,95 Ampere pro Modul. Bei der Parallelschaltung von 3 Solarmodulen erhalten wir einen Kurzschlussstrom von 3 x 4,95 Ampere = 14,85 Ampere + 25 % Sicherheitsreserve = 18,56 A. Das heißt, dass bezüglich dem Ladestrom ein 20 Ampere-Laderegler zum Einsatz kommen könnte, wenn der max. Laststrom der Verbraucher geringer wäre. Durch den Zukauf weiterer Solarmodule kann man eine eventuelle Unterdimensionierung des Photovoltaikgenerators auch im Nachhinein ausgleichen. Der Akkumulator und der Laderegler sollten jedoch von Anfang an unter Berücksichtigung einer Erweiterung des Photovoltaik-Generators etwas größer ausgewählt werden. Aus diesem Grund verwenden wir für unser Beispiel einen 30 Ampere-Laderegler.

3. Dimensionierung des Solar-Akkus (Kapazität in Ampere/Stunden (Ah))
Die Akkukapazität wird in Ah angegeben, den Energieverbrauch haben wir bisher in Wh angegeben. Um diese beiden Größen Ah und Wh aufeinander beziehen zu können, rechnen wir den Verbrauch in Ah um, indem wir die Wh durch die Systemspannung (24 Volt) teilen.

1000 Watt/Stunden : 24 Volt = 41,66 Ampere/Stunden

Die Akkukapazität ergibt sich aus dem täglichen Energiebedarf (1000 Wh) mal Regentage (Autonomietage) und mal dem Faktor für die entnehmbare Akkukapazität (Faktor 2 für 50 %). Das Ergebnis geteilt durch die Akkuspannung (24 Volt) ergibt die erforderliche Akkukapazität in Ampere/Stunden.

Anmerkung:
Die Autonomietage sind der Zeitraum, in dem die Versorgung des Systems komplett vom Akku übernommen wird, ohne dass der Photovoltaik-Generator Energie zuführt. Die Berücksichtigung von Autonomietagen ist nötig, da sich die Sonneneinstrahlung nicht gleichmäßig über jeden Tag des Monats verteilt und deshalb eine Pufferung der Energie notwendig ist. Je weiter die Betriebszeit in den Winter hineinreicht und je größer die Versorgungssicherheit sein muss, umso mehr Autonomietage sind einzuplanen. Üblich sind Werte von drei bis sechs Tage.
Um eine lange Lebensdauer der Akkus zu ermöglichen, dürfen wir nicht die vom Hersteller angegebene Gesamtkapazität eines Akkus einplanen, sondern nur die entnehmbare Größe, die je nach Art des zum Einsatz kommenden Akkus etwa 30 bis 70 % beträgt. Für unser Beispiel nehmen wir den Mittelwert (50 %). Wir müssen die Kapazität des Akkus deshalb doppelt so groß wählen wie aus den Verbrauchswerten errechnet und setzen aus diesem Grund den Wert 2 in die Formel ein. Daraus ergibt sich folgende Formel zur Bestimmung der Akkukapazität.

Bestimmung der Akkukapazität:

$$\text{Akkukapazität} = \frac{2 \times W \times F}{U} = \frac{2 \times 1000 \times 3}{24} = 250 \text{ Ampere/Stunden}$$

Die Gesamtakkukapazität geteilt durch die Kapazität eines Akkus, den Sie verwenden möchten, ergibt die Anzahl der Einzelakkus. Für unser Beispiel haben wir 6 Stück 12-Volt-Akkus mit einer Kapazität von je 100 Ah gewählt. Um eine Systemspannung von 24 Volt zu erhalten, müssen wir zwei Akkus in Serie schalten. Durch die Serienschaltung verdoppelt sich die Spannung bei gleichbleibender Kapazität (100 Ah). Aus diesem Grund schalten wir jeweils zwei weitere Akkus zu jeden der in Serie geschalteten Akkus parallel (Bild 2.4.5). Dadurch ergibt sich eine Gesamtkapazität von 300 Ah, mit der wir den berechneten Wert erreichen bzw. mit einer Energiereserve von 50 Ah übertreffen. Die so dimensionierte Photovoltaikanlage kann bei Bedarf, zum Beispiel mit zwei Solarmodulen des gleichen Typs, erweitert werden. Die Erweiterung verlängert die maximale Betriebszeit der Verbraucher und/oder erweitert den Zeitraum der Autonomietage (Bild 2.4.6).

Bild 2.4.6

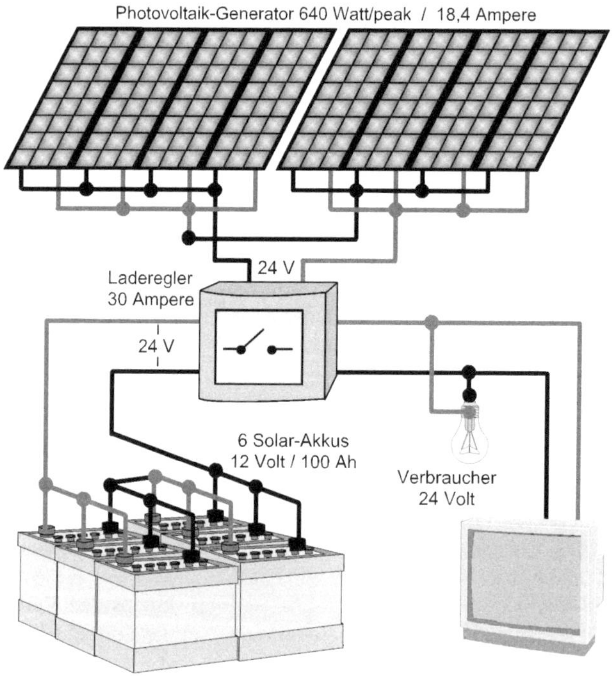

2.5 Leitungen und Leiterquerschnitte

Die richtige Leitungsdimensionierung ist für Photovoltaik-Inselanlagen besonders wichtig. Durch ausreichend große Leiterquerschnitte bleiben die Energieverluste gering und die Temperaturerhöhung einer belasteten Leitung erreicht keine unzulässig hohen Werte. Bei einer Systemspannung von 24 Volt treten bei verhältnismäßig kleinen Leistungen bereits hohe Ströme auf. Die Leistungsaufnahme eines Verbrauchers mit 240 Watt verursacht beispielsweise in einem 24-Volt-System eine Strombelastung von 10 Ampere und in einem 12-Volt-System 20 Ampere. Um die Leitungsverluste und die Erwärmung der Leitungen gering zu halten ist der Leiterquerschnitt auf die maximal fließenden Ströme abzustimmen.
Aus den zuvor genannten Gründen ist es wichtig bei der Planung darauf zu achten, dass der Laderegler und/oder der Inselwechselrichter sowie der Akku an einem zentralen Punkt in der Anlage angebracht werden, von dem aus kurze Leitungswege zu allen Verbrauchern möglich sind. Darüber hinaus sollten absehbare Verbrauchssteigerungen durch Anlagenerweiterungen mit einer großzügigen Bemessung der Leiterquerschnitte berücksichtigt werden, auch um zu hohe Kosten für eine nachträgliche Installation zu vermeiden bzw. zu reduzieren. Weil die Systemspannung bei der Berechnung des Leitungsquerschnitts als quadratische Größe im Nenner der Formel steht, hat die Verdoppelung der Spannung eine Viertelung des Querschnitts zur Folge. Aufgrund dessen könnten Kosten für die Leitungen erheblich reduziert werden, wenn die Anlage als 24-Volt-System ausgeführt wird. Darüber hinaus sind durch eine Systemspannung von 24 Volt auch längere Leitungswege möglich. Aus den zuvor genannten Gründen verwenden auch die Automobilhersteller für PKWs 12-Volt-Systeme und in LKWs kommen wegen den längeren Leitungen und dem größeren Leistungsbedarf 24-Volt-Systeme zum Einsatz.

Die Berechnung bzw. Ermittlung des Leiterquerschnitts und der maximalen Leitungslänge bei 3 % Spannungsverlust, kann nach folgender Formel oder unter Verwendung der Diagramme in Bild 2.5.1 und 2.5.2 erfolgen.

$$\textbf{Leiterquerschnitt (S)} = \frac{\textbf{Leitungslänge } (l) \textbf{ x 2 x Leistung (P)}}{\textbf{0,03 (3\%) x } U^2 \textbf{ x Leitfähigkeit (Cu = 56)}}$$

Die in Bild 2.5.3 dargestellte Photovoltaik-Inselanlage enthält einen Photovoltaik-Generator, einen Laderegler sowie den Solar-Akku und drei verschiedene Verbraucher mit den eingetragenen Leitungslängen. Die erforderlichen Leiterquerschnitte sind anschließend unter Berücksichtigung eines Spannungsverlustes von 3 % ermittelt und als Beispiel aufgeführt.

2. Planung einer Photovoltaik-Inselanlage

Bei einer Ausführung entsprechend unserem Beispiel erhält jede Leitung eine eigene Sicherung, die in einem Stromkreisverteiler eingesetzt werden sollte, der sich in nächster Nähe des Ladereglers befindet.

maximale Leitungslänge unter Berücksichtigung des Leiterquerschnitts für ein 12 Volt-System bei 3 % Spannungsverlust

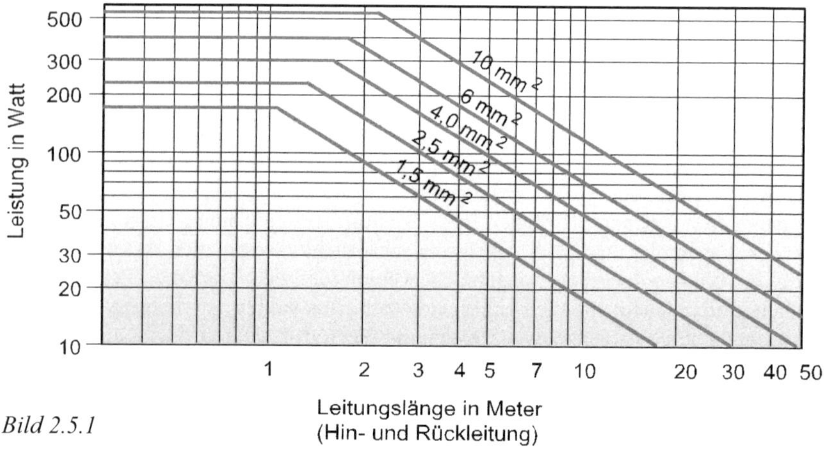

Bild 2.5.1

maximale Leitungslänge unter Berücksichtigung des Leiterquerschnitts für ein 24 Volt-System bei 3 % Spannungsverlust

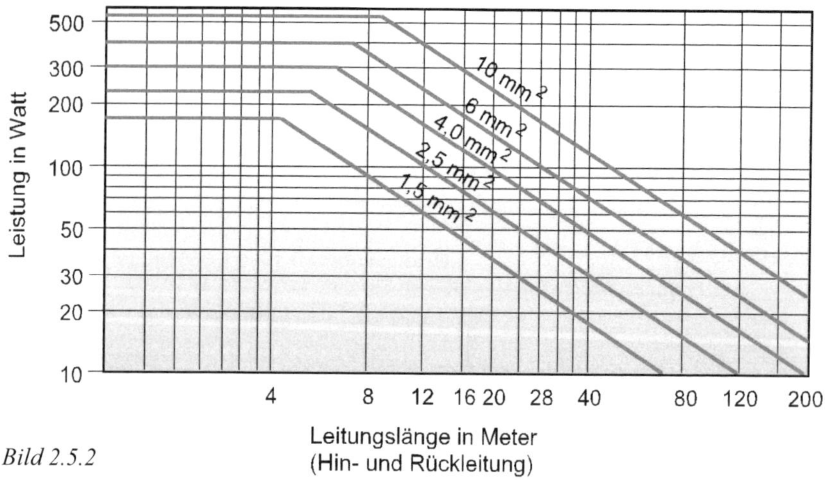

Bild 2.5.2

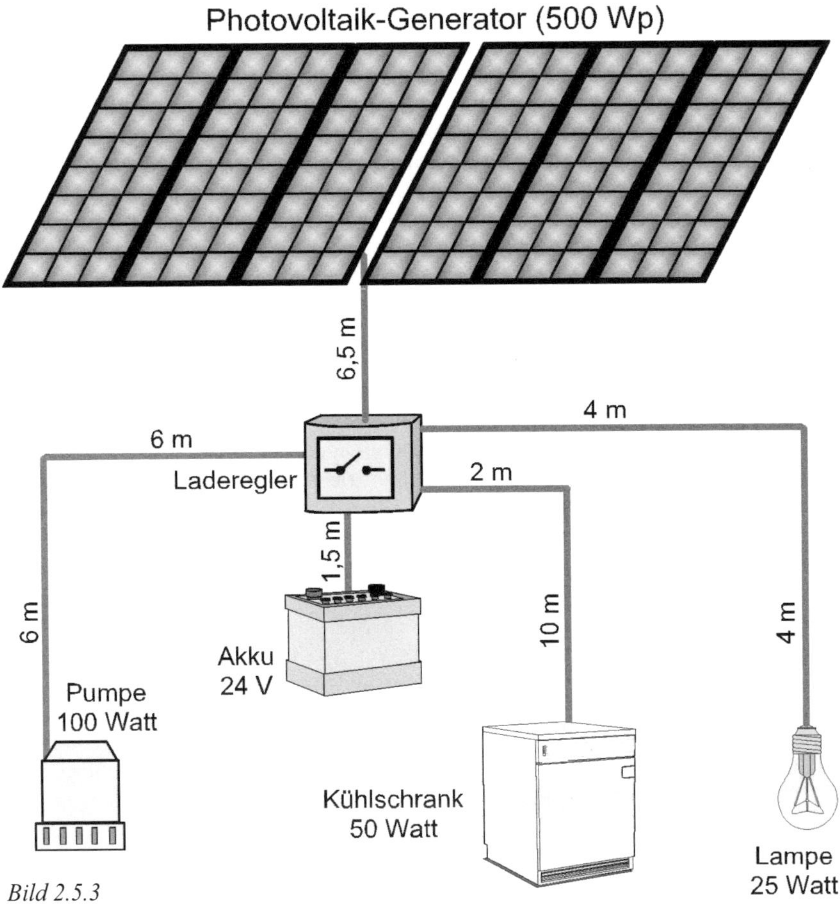

Bild 2.5.3

Ermittelte Leiterquerschnitte für ein 24 Volt-System:

Leitung vom Photovoltaik-Generator (500 Watt) zum Akku = 8 m.
Ermittelter Leiterquerschnitt = 8,3 mm^2, nächst höherer Normquerschnitt = 10 mm^2
Leitung vom Akku zur Pumpe (100 Watt) = 12 m.
Ermittelter Leiterquerschnitt = 2,47 mm^2, nächst höherer Normquerschnitt = 2,5 mm^2
Leitung vom Akku zum Kühlschrank (50 Watt) = 12 m.
Ermittelter Leiterquerschnitt = 1,23 mm^2, nächst höherer Normquerschnitt = 1,5 mm^2
Leitung vom Akku zur Glühlampe (25 Watt) = 8 m.
Ermittelter Leiterquerschnitt = 0,41 mm^2, nächst höherer Normquerschnitt = 1,5 mm^2

Ermittelte Leiterquerschnitte für ein 12 Volt-System:

Leitung vom Photovoltaik-Generator (500 Watt) zum Akku = 8 m.
Ermittelter Leiterquerschnitt = 33 mm^2, nächst höherer Normquerschnitt = 35 mm^2
Leitung vom Akku zur Pumpe (100 Watt) = 12 m.
Ermittelter Leiterquerschnitt = 9,9 mm^2, nächst höherer Normquerschnitt = 10 mm^2
Leitung vom Akku zum Kühlschrank (50 Watt) = 12 m.
Ermittelter Leiterquerschnitt = 4,9 mm^2, nächst höherer Normquerschnitt = 6 mm^2
Leitung vom Akku zur Glühlampe (25 Watt) = 8 m.
Ermittelter Leiterquerschnitt = 1,66 mm^2, nächst höherer Normquerschnitt = 2,5 mm^2

Das Beispiel lässt erkennen, dass ein 12-Volt-System mit einem Spannungsverlust von 3 % nur sehr schwer realisierbar ist, weil an den handelsüblichen Steckdosen und Verbrauchern Leiter mit einer Querschnittsfläche von 6 mm^2 oder gar 10 mm^2 Leiterquerschnittsfläche meist nicht anschließbar sind. Zu beachten ist, dass der Leitungsstrang vom Akku zum Laderegler sowohl bei der Ladung als auch bei der Entnahme beansprucht wird. Der Leiterquerschnitt richtet sich nach der größeren Last. Die max. Last tritt entweder bei der Ladung des Akkus mit max. Generatorleistung oder bei der Entladung des Akkus auf, wenn alle Verbraucher in Betrieb sind und dem Solarakku kein Strom vom Generator zugeführt wird. Die wichtigste Leitung in einer Photovoltaik-Inselanlage ist mit Sicherheit die Verbindungsleitung vom Photovoltaik-Generator zum Solar-Akku. Um den Solarstrom mit geringsten Verlusten zum Akku zu bringen ist eine Verlustleistung von ≤ 1 % anzustreben. Bei den oftmals längeren und nur zeitweise stark belasteten Leitungen zwischen Solar-Akku und Verbrauchern kann ein Verlust von 3 % eher akzeptiert werden. Die Verlustleistung (1 %) kann nach folgender Formel berechnet werden, für die wir eine Generatorleistung von 500 Wp und einen Kurzschlussstrom von 14,85 A sowie eine Leitungslänge vom Generator zum Akku von 8 Meter für ein 24-V-System annehmen.

$$\textbf{Leiterquerschnitt (S)} = \frac{2 \times l \times I^2}{56 \times P_v}$$

l = Einfache Leitungslänge in Meter
I = Kurzschlussstrom in Ampere
P_v = 1 % der Generatorleistung in Watt/peak
S = Leiterquerschnitt in Quadratmillimeter
56 = Elektrische Leitfähigkeit für Kupfer (Kappa)

$$\textbf{Leiterquerschnitt (S)} = \frac{2 \times 8 \times 220}{56 \times 5} = 12{,}5\ mm^2$$

Ermittelter Leiterquerschnitt = 12,5 mm², nächst höherer Normquerschnitt = 16 mm²

Berechnen wir den Leiterquerschnitt mit folgender Formel unter Berücksichtigung eines Spannungsverlustes von 1 %, ergibt sich mit 24,8 mm² ein noch höherer Leiterquerschnitt (Normquerschnitt 25 mm²).

$$\textbf{Leiterquerschnitt (S)} = \frac{\textbf{Leitungslänge } (l) \textbf{ x 2 x Leistung (P)}}{\textbf{0,01 (1\%) x } U^2 \textbf{ x Leitfähigkeit Cu (56)}}$$

Für die Modulverdrahtung eignet sich der hochflexible Leitungstyp H07RN-RNF bzw. sogenannte Solarleitungen. Da Solarleitungen zum Beispiel auf dem Dach verlegt werden, sind sie jahrelang der Witterung, starken Winden und auch dem direkten Sonnenlicht ausgesetzt. Aufgrund dessen müssen sie UV - beständig, kurzschluss- und abriebfest sein sowie einer Temperatur von -50 °C bis 120 °C standhalten. Solarleitungen sind mit roter, schwarzer und blauer Leiterisolierung erhältlich. In der Regel wird der Leiter mit roter Isolierung als Plus-Leiter und die blaue bzw. schwarze Ader als Minus-Leiter verwendet. Der Leiterquerschnitt sollte wegen den Leitungsverlusten 4 mm² betragen, selbst dann wenn für die Verdrahtung eines Photovoltaik-Generators mit geringer Leistung ein kleinerer Leiterquerschnitt ausreichen würde. Grund dafür ist, dass in der Regel handelsübliche Solarmodule serienmäßig mit einer 4 mm² Anschlussleitung ausgestattet sind, die durch die Verwendung von Solarleitungen mit kleinerem Querschnitt „verjüngt“ würden.
Für die Installation der Leitungen im Inneren des Gebäudes, vom Laderegler zu den 24-Volt-Verbrauchern, sollten die Solarkabel in einem Schutzrohr verlegt werden. Die Auslegung der Sicherungen (Überstrom-Schutzeinrichtungen) entsprechend der Strombelastbarkeit der Leitungen muss nach VDE 0298 Teil 4 erfolgen.
Als Verbindungsleitung zwischen Laderegler und Solar-Akku, können vorgefertigte hochflexible, UV-, ozon- und temperaturbeständige Leitungen mit 1,5 Meter Länge zum Einsatz kommen, die durch geeignete Querschnitte und Leitungslängen ein hohes Maß an Sicherheit und ein Minimum an Leistungsverlusten gewährleisten. Die Plus- und Minusleitung sollte mit Batterieklemmen ausgestattet sein und einer Leitungsstecksicherung, die so dimensioniert ist, dass sie im Normalbetrieb nicht anspricht und die Leitungen sowie den Akku im Kurzschlussfall vor Schäden bewahrt. Beim Anschluss des Akkus ist Vorsicht geboten, weil der Akku kurzzeitig sehr hohe Ströme liefert, so dass bei einem Kurzschluss die Leitungen bis zum Glühen erhitzt werden oder gar schmelzen können. Darüber hinaus kann bei einem Kurzschluss auch der Akku Schaden nehmen und eventuell zerplatzen. Durch die hohe Temperatur der Akkuleitungen besteht Brandgefahr und bei der Zerstörung des Akkus können durch die verspritzende Säure Verletzungen bzw. Verätzungen entstehen. Aus diesem Grund gehört in die vom Akkumulator abgehende Leitung eine Sicherung, deren Nennstrom nur geringfügig über dem errechneten maximalen Laststrom liegt. Für die

Parallel und/oder Serienschaltung mehrerer Solarbatterien sollten auch vorkonfektionierte Batterie-Brückenleitungen verwendet werden. Die an den Brückenleitungen angebrachten Ringkabelschuhe sorgen für hohe Sicherheit, optimalen Kontakt und geringe Verluste. Darüber hinaus erfüllen vorgefertigte Batterie-Brückenleitungen die Anforderungen für eine erd- und kurzschlusssichere Verlegung bzw. Verbindung.

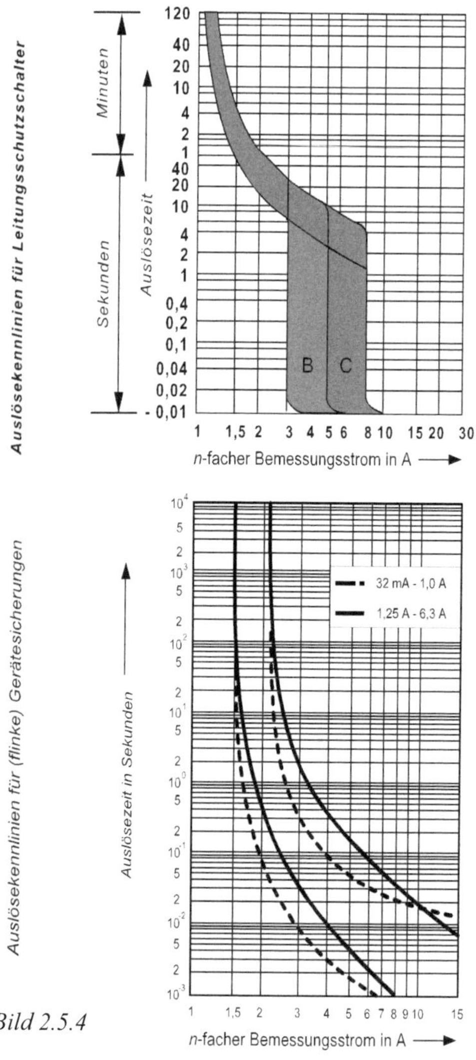

Bild 2.5.4

In Photovoltaikanlagen sollten die zum Einsatz kommenden Sicherungen so bemessen sein, dass ihr Nennstrom nur geringfügig über dem Nennstrom der zu versorgenden Verbraucher liegt, damit sie im Fehlerfall verhältnismäßig schnell auslösen. In Anlagen die vom öffentlichen Netz mit Strom versorgt werden fließen im Kurzschlussfall einige 1000 Ampere, die für ein schnelles Auslösen der Sicherung bzw. des Leitungsschutzschalters sorgen. In Photovoltaikanlagen liegt der Kurzschlussstrom des Photovoltaikgenerators nur geringfügig über seinem Nennstrom. Aus diesem Grund lösen zu hoch dimensionierte Sicherungen bei einem Kurzschluss nicht aus oder sie haben zu lange Auslösezeiten. Um im Fehlerfall das schnellstmögliche Auslösen einer Sicherung zu erreichen, können zum Beispiel Geräteschutzsicherungen mit flinker oder superflinker Abschaltcharakteristik zum Einsatz kommen. Das Bild 2.5.4 zeigt die unterschiedlichen Abschaltcharakteristiken von Leitungsschutzschaltern Typ B und C, die in 230 Volt-Netzen zum Einsatz kommen und im Vergleich dazu die relativ kurzen Abschaltzeiten von „flinken" Geräteschutzsicherungen, die in

Photovoltaik-Inselanlagen einsetzbar sind. Zu beachten ist, dass in Gleichstromanlagen nur Steckvorrichtungen mit Verpolungsschutz zur Anwendung kommen, so dass der Plus- und Minuspol nicht vertauscht werden kann. Die Verpolung bei Elektromotoren würde zu einem Betrieb mit umgekehrter Drehrichtung führen und bei einem elektronischen Gerät, ohne Verpolungsschutz, kann der verkehrte Anschluss eine Zerstörung der Elektronik bewirken. Das Bild 2.5.5 enthält den Schaltplan für eine 24-Volt Photovoltaik-Inselanlage mit einem 30 Ampere Laderegler, einem 24-Volt-Akku und 3 Verbrauchern.

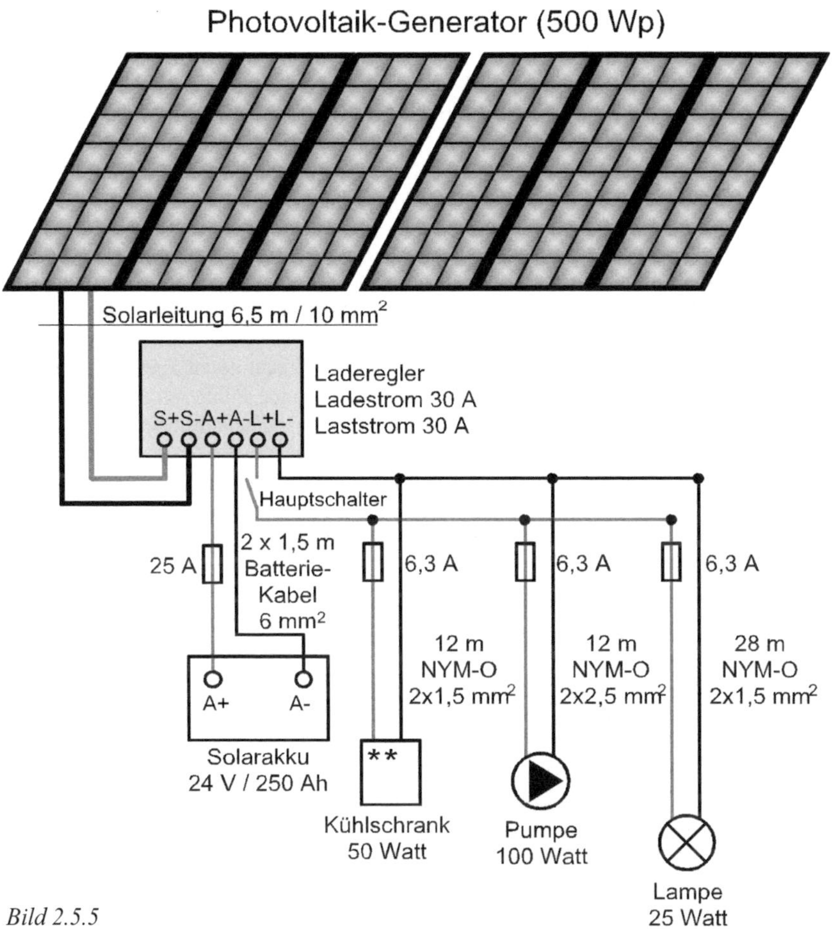

Bild 2.5.5

2.6 Strangdioden, Strangsicherungen und Generatoranschlusskasten

Beim Vorhandensein mehrerer Solarmodulstränge werden die einzelnen Stränge im Generatoranschlusskasten abgesichert und verschaltet. Die Strangleitungen werden eventuell über Strangdioden, Strangsicherungen und Trennklemmen an die Gleichstromhauptleitung angeschlossen. Weiterhin kann auch ein Gleichstromhauptschalter im Generatoranschlusskasten eingesetzt werden. Darüber hinaus besteht die Möglichkeit im Generatoranschlusskasten eine elektronische Strangüberwachung einzubauen, die Strangströme und Strangstörungen an ein Datenüberwachungssystem meldet. Der Generatoranschlusskasten sollte in Schutzklasse II (schutzisoliert) ausgeführt sein und eine eindeutige Trennung der Plus- und Minusseite innerhalb des Kastens aufweisen. Bei der Anbringung des Generatoranschlusskastens im Freien, sollte das Gehäuse mindestens der Schutzart IP 54 entsprechen.

Strangdioden können zum Plusleiter eines jeden Solarmodulstrangs in Reihe geschaltet werden. Tritt in einem oder in mehreren Strängen eine Verschattung (Bild 2.6.1) oder ein Kurzschluss auf, so können die nicht betroffenen Modulstränge weiter arbeiten ohne dass ein Rückstrom durch den gestörten bzw. verschatteten Strang fließt. Zu beachten ist, dass beim Einsatz von Strangdioden deren Sperrspannung auf die doppelte STC-Leerlaufspannung des zu beschaltenden Photovoltaikstranges ausgelegt sein muss. Umfangreiche Tests ergaben, dass handelsübliche Module einen Rückstrom in Höhe des mehrfachen Modulkurzschlussstroms überstehen ohne Schaden zu nehmen. Deshalb werden heute viele Photovoltaikanlagen ohne Strangdioden gebaut. Strangdioden sind bei normalem Anlagenbetrieb in Durchlassrichtung geschaltet. Deswegen fließt der gesamte Strangstrom durch die Diode. Die Folge dieses Stromflusses sind Verlustleistungen bis zu 2 %, die vom Spannungsfall an den Strangdioden verursacht werden (0,5 bis 1 Volt). Aus diesem Grund ist der Energieertrag einer Photovoltaikanlage mit Strangdioden geringer. Darüber hinaus werden defekte Strangdioden und der damit verbundene Ausfall von Solarmodulsträngen eventuell erst sehr spät bemerkt, so dass bis zum Erkennen und Beseitigen des Fehlers hohe Ertragsverluste entstehen können.
Bei dem Einsatz schutzisolierter Solarmodule gleichen Typs und zulässigem halben Nennkurzschlussstrom in Verbraucherrichtung sowie einer Abweichung der Leerlaufspannungen zwischen den einzelnen Solarmodulsträngen bis maximal 5 % können die Strangdioden entfallen.

Bild 2.6.2

Strangsicherungen schützen die Strangleitungen vor Überlastung und müssen für den Gleichstrombetrieb ausgelegt sein. Als Strangsicherungen kommen meist Geräteschutzsicherungen zum Einsatz (Bild 2.6.2), mit denen der Plusleiter und der Minusleiter beschaltet wird. Die Strangsicherungen können entfallen, wenn die Strangleitungen auf den max. Kurzschlussstrom des Photovoltaik-Generators, abzüglich des Stroms eines Modulstrangs, ausgelegt sind.

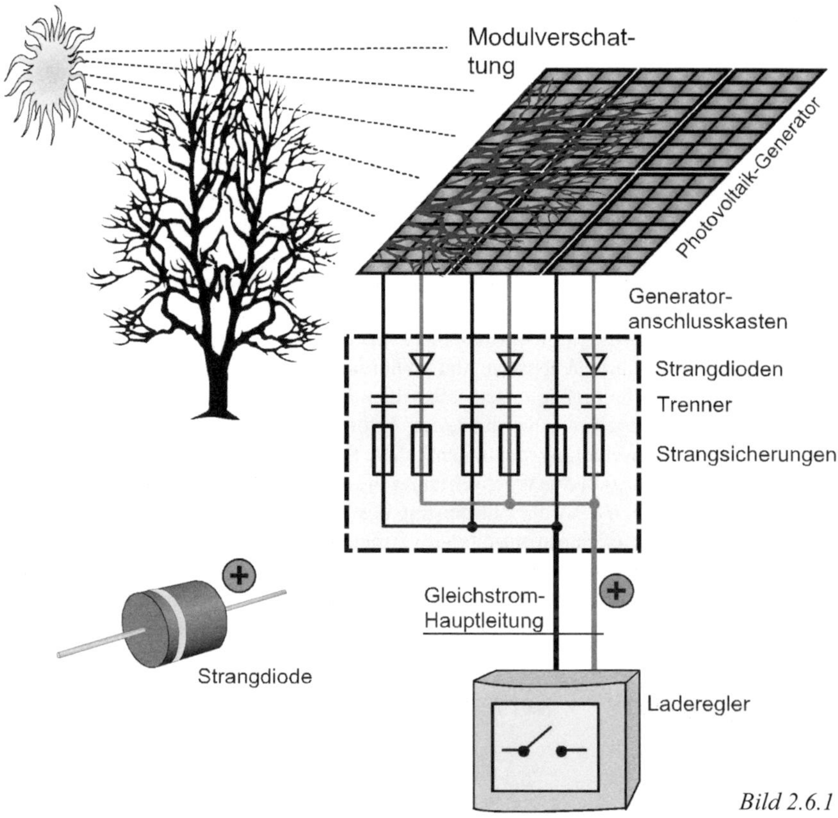

Bild 2.6.1

Der maximale Modulkurzschlussstrom ist im Datenblatt des Modulherstellers aufgeführt. Bei einer Parallelschaltung mehrerer Module addieren sich die Kurzschlussströme zum Generatorkurzschlussstrom, der nicht wesentlich höher (etwa 10 %) als sein Nennstrom ist. Da weder die Solarmodule noch der Solargenerator im Kurzschlussfall Schaden nehmen, kann die Sicherung zwischen Generator und Laderegler unter den zuvor genannten Bedingungen auch entfallen.

3.1 Netzgeführte Wechselrichter

Wechselrichter in Photovoltaikanlagen zur Netzeinspeisung haben die Aufgabe, den vom Photovoltaik-Generator erzeugten Gleichstrom in netzkonformen Wechselstrom umzuwandeln, damit der Solarstrom in das öffentliche Stromnetz eingespeist werden kann.

Die komplexen Aufgaben eines Wechselrichters lassen sich in 4 Bereiche einteilen:

- Umwandlung von Gleichstrom in 50 Hz / Ein- oder Dreiphasen Wechselstrom
- Arbeitspunktanpassung Wechselrichter/Solargenerator (MPP-Regelung)
- Betriebsdatenerfassung, Signalisierung und Visualisierung von Daten
- DC- und AC-Schutzeinrichtungen zur Netz- und Isolationsüberwachung.

Wechselrichter und Photovoltaikgenerator müssen mit Leistungs-, Spannungs- und Stromwerten aufeinander abgestimmt sein. Dies ist bei der Anlagenplanung ein wichtiger Punkt, der berücksichtigt werden muss. Grundsätzlich unterscheiden wir netzgeführte und selbstgeführte Wechselrichter. Während selbstgeführte Wechselrichter unabhängig vom öffentlichen Netz arbeiten können, benötigen netzgeführte Wechselrichter generell ein vorhandenes Stromnetz, in das sie den Solarstrom einspeisen. Eine Abschaltung der öffentlichen Stromversorgung und Fehler in der Anlage muss der netzgeführte Wechselrichter erkennen und wenige Sekunden danach automatisch abschalten bzw. die Einspeisung des Solarstroms beenden.
Um Verluste auf der Gleichstromseite zu vermeiden, sollte der Wechselrichter möglichst nahe am Photovoltaikgenerator angebracht werden (Bild 3.1.1). Der Anbringungsort sollte zudem trocken und kühl sein, das heißt gut belüftet, da bei der Stromwandlung Wärme entsteht und der Wirkungsgrad des Wechselrichters bei zu hohen Temperaturen absinken kann. Der Platzbedarf und die mögliche Anordnung der Systemkomponenten hängt von den räumlichen Gegebenheiten des Projektes, der Photovoltaikanlagengröße und dem gewählten Anlagenkonzept ab. Die heute weit verbreiteten Strangwechselrichter sind mit Leistungen von einigen

Bild 3.1.2

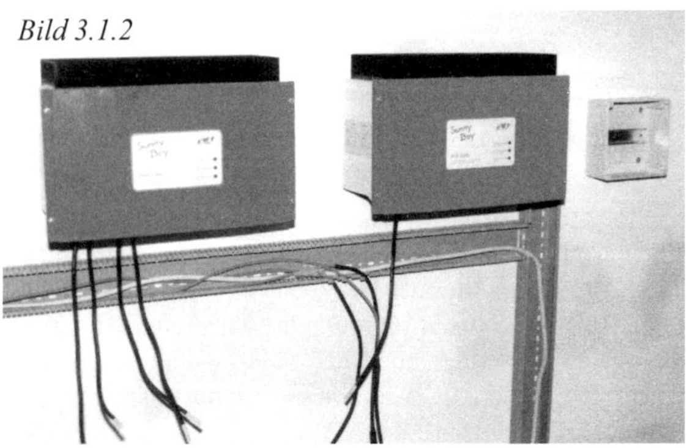

100 bis zu mehreren 1000 Watt erhältlich. Für die durchschnittliche Anlage eines Einfamilienhauses mit etwa drei kW Leistung (ca. 25 m^2 Generatorfläche) wird eine Wandfläche von etwa 1 bis 2 m^2 zur Installation der Wechselrichter und dem Gleichstromhauptschalter benötigt. Je nach Typ und Schutzart sind Wechselrichter auch zur Außenmontage geeignet.

Bild 3.1.1

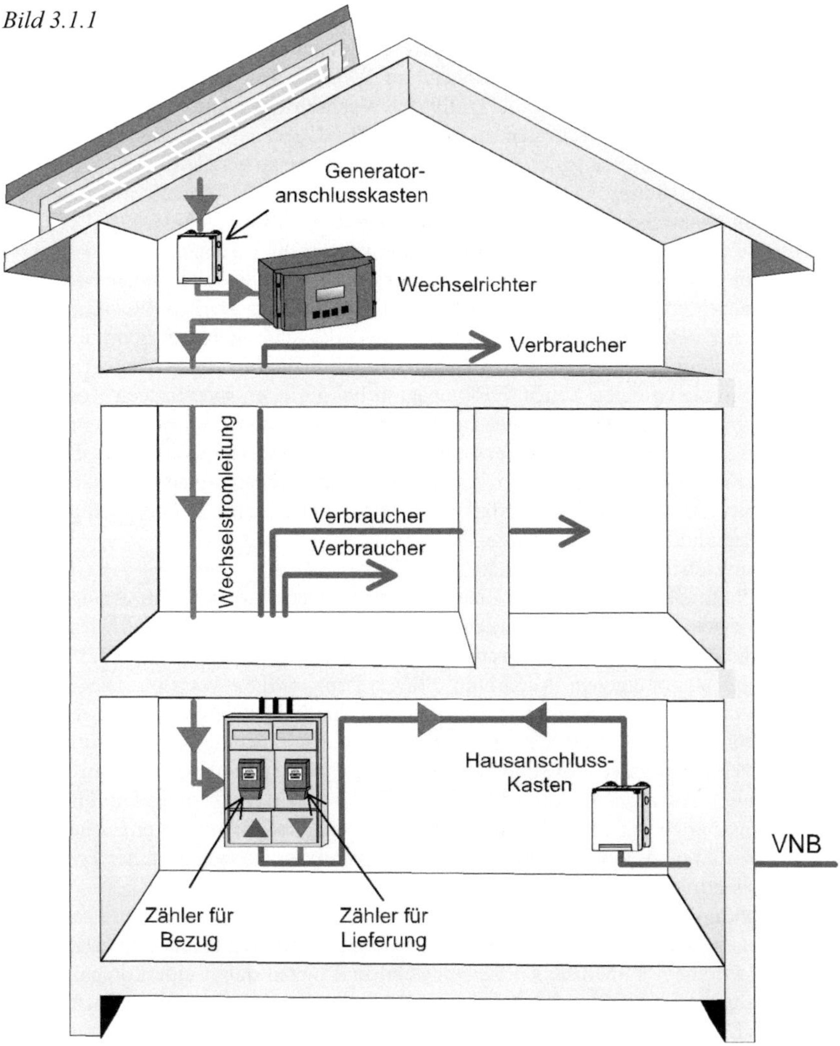

Bei einer Außenmontage sollte der Wechselrichter so platziert werden, dass er keiner direkten Sonneneinstrahlung ausgesetzt wird. Zum Beispiel könnte die Wechselrichtermontage unter einem größeren Dachüberstand oder bei Freiflächenanlagen hinter den Photovoltaikmodulen erfolgen. Grundsätzlich ist jedoch eine Platzierung im Gebäude vorzuziehen und weniger störungsanfällig. Typische Montageorte sind Dachräume oder auch der Hausanschlussraum im Keller des Gebäudes. Dabei ist es vorteilhaft den Weg für die Gleichstromverkabelung zwischen Solarmodulen und Wechselrichter möglichst kurz zu halten. Längere Leitungen erfordern größere Leiterquerschnitte und verursachen höhere Kosten. Im Wesentlichen unterscheiden wir zwischen drei verschiedenen Arten netzgeführter Wechselrichter und Anlagenkonfigurationen, von denen das am besten zu den örtlichen Gegebenheiten passende System zur Anwendung kommen sollte, um optimale Ergebnisse zu erzielen.

Zentralwechselrichter:

Die vielen Solarmodule einer Anlage, mit zum Beispiel einigen 10 kW Leistung, werden zu Strängen in Reihe und diese wiederum parallel geschaltet. Der so strukturierte Photovoltaik-Generator ist gleichstromseitig mit nur einem sogenannten Zentralwechselrichter verbunden (Bild 3.1.3/1). Diese leistungsstarken Wechselrichter, die je nach Leistung die Größe eines Schrankes oder auch mehrerer Schränke erreichen können, in denen auch Zähler, Schutz- und Schalteinrichtungen integriert sein können. Sie bieten einen hohen Wirkungsgrad bei geringen spezifischen Kosten. In Anlagen mit Zentralwechselrichter bewirkt die Verschattung eines oder mehrerer Modulstränge eine Modul-Fehlanpassung, die den Energieertrag verringert. Darüber hinaus ist die Zuverlässigkeit der Anlage durch die Abhängigkeit von nur einem Wechselrichter begrenzt. Der Ausfall des Zentralwechselrichters führt zwangsläufig zum Stillstand der gesamten Anlage.

Strangwechselrichter:

Wie in Photovoltaikanlagen mit Zentralwechselrichter, wird auch in Anlagen mit Strangwechselrichtern, der Generator in Stränge unterteilt. Im Normalfall wird jedem Solarmodulstrang ein eigener Strangwechselrichter zugeordnet (Bild 3.1.3/2), der seinen Strang im eigenen Maximum Power Point (MPP) betreibt. Die Strang-Wechselrichter-Technik minimiert das Auftreten von Fehlanpassungen und reduziert Verschattungsverluste. Darüber hinaus entfallen die von Strangdioden verursachten Energieverluste und der Aufwand für die Montage der Strangdioden. Hinzu kommt der geringere Aufwand für die vereinfachte Gleichstromverkabelung. Die überlegenen Eigenschaften der Strang-Wechselrichter-Technik sorgen für zuverlässigere Anlagen und führen zu einer Verringerung der Systemkosten sowie zu einer Erhöhung des Energieertrags.

Multi-Strang-Wechselrichter:

Ermöglichen den Anschluss und den MPP-Betrieb mehrerer Stränge über DC/DC-Wandler an einem gemeinsamen Leistungsteil und bieten damit eine kompakte und preisgünstige Lösung bei der Nutzung aller Vorteile der Strang-Wechselrichter-Technik (Bild 3.1.3/3). Photovoltaik-Generatoren, bestehend aus Strängen mit unterschiedlichen Neigungen und/oder Ausrichtungen und daraus resultierend einem zeitlich zueinander versetztem Leistungsangebot, können so mit optimalen Wirkungsgrad betrieben werden.

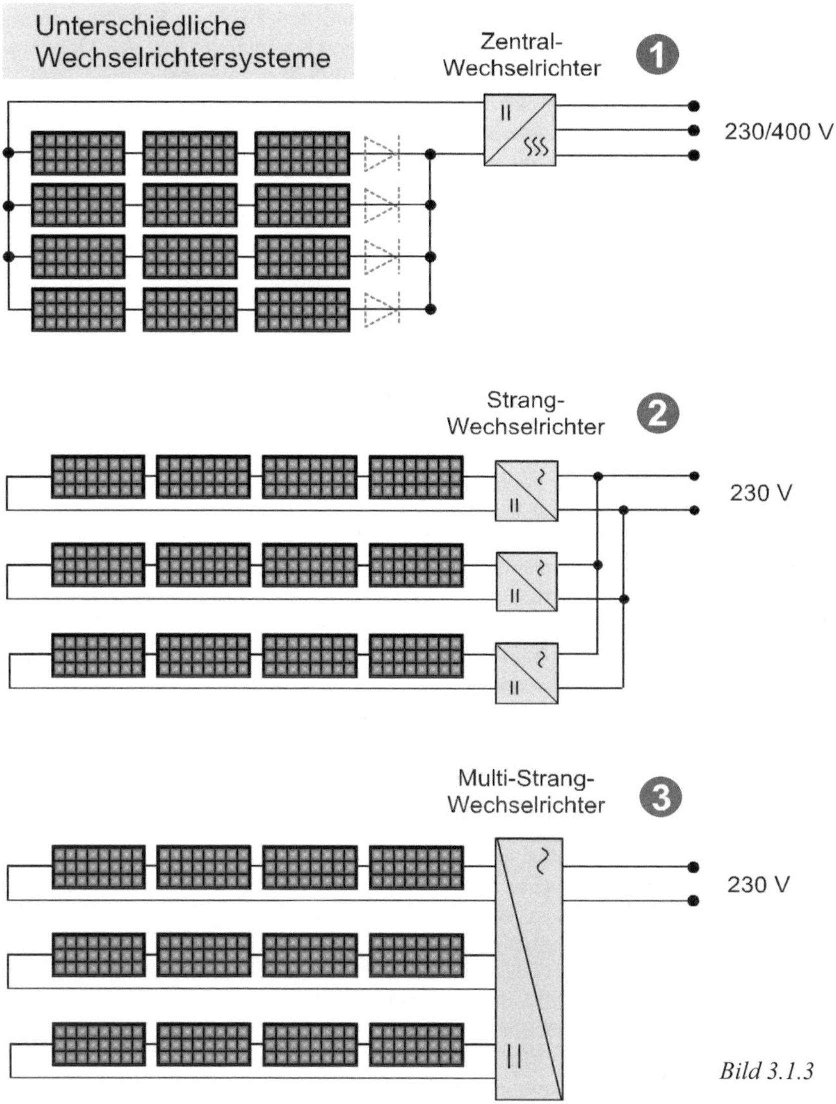

Bild 3.1.3

Zu beachten ist, dass nach der VDEW-Richtlinie „Eigenerzeugungsanlagen am Niederspannungsnetz" – zu denen auch Photovoltaikanlagen zählen – die Unsymmetrie der einspeisenden Wechselrichter auf der Wechselstromseite zwischen den Außenleitern im Normalbetrieb 4,6 kVA nicht übersteigen darf. Somit können auch einphasig einspeisende Wechselrichter mit einer Nennleistung > 4,6 kVA in Kombination mit weiteren Wechselrichtern bis zu einer maximalen Unsymmetrie von 4,6 kVA zwischen den einzelnen Außenleitern in das öffentliche Netz einspeisen.
Bei der Dimensionierung müssen Solargenerator und Wechselrichter in ihren Leistungswerten optimal aufeinander abgestimmt werden. Die Nennleistung von Wechselrichtern kann ± 20 % der Photovoltaik-Generatorleistung betragen. Früher wurde eine Unterdimensionierung der Wechselrichter bis zu 40 % empfohlen. Heute gilt aufgrund neurer Erkenntnisse als Richtwert für die Auslegung ein Verhältnis von 1:1 zwischen Photovoltaik-Generatorleistung und wechselstromseitiger Nennleistung des Wechselrichters, um die Energieverluste durch Leistungsabregelung eines unterdimensionierten Wechselrichters auszuschließen. Das heißt, dass für einen Photovoltaik-Generator mit einer Leistung von 1000 Wp, der mit einem Neigungswinkel von 30° nach Süden ausgerichtet ist, zum Beispiel ein Wechselrichter mit einer wechselstromseitigen Nennleistung von 1000 Watt zum Einsatz kommen sollte. Für einen Photovoltaik-Generator mit der gleichen Leistung, der zum Beispiel senkrecht (Neigungswinkel 90°) an einer Fassade montiert wird, muss aufgrund der daraus resultierenden Leistungsverluste ein Wechselrichter mit dementsprechend kleinerer Leistung zur Anwendung kommen. Die wechselstromseitige Nennleistung kann ein Wechselrichter bei einer Umgebungstemperatur bis 25 °C dauerhaft in das Netz einspeisen.
Für die Auslegung einer Standard-Photovoltaikanlage zur Netzeinspeisung muss neben der Photovoltaik-Generatorleistung vor allem der Eingangsspannungsbereich (DC-Seite) des Wechselrichters berücksichtigt werden, damit die Photovoltaikanlage möglichst immer im Arbeitspunkt maximaler Leistung (MPP) arbeiten kann. Darüber hinaus muss die Anlage so bemessen sein, dass sie jederzeit abschaltbar ist, bzw. in den Leerlauf wechseln kann. Bei einer Sonneneinstrahlung von 1000 Watt pro Quadratmeter darf die Strangleerlaufspannung die maximal zulässige Wechselrichterspannung, auch bei einer Solarzellentemperatur von -10 Grad Celsius nicht überschreiten. Eine Überschreitung der maximal zulässigen Spannung kann zur Zerstörung des Wechselrichters führen. Das Bild 3.1.4 zeigt den Anstieg der Modulleerlaufspannung in Abhängigkeit der Temperatur unterhalb der STC-Temperatur.

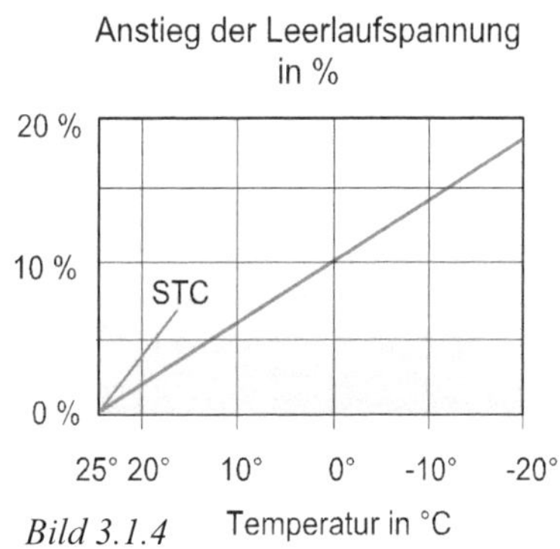

Bild 3.1.4

Die kleinste Strangspannung sollte im Anlagenbetrieb bei einer Solarzellentemperatur von 70 °C deutlich über dem Minimalwert der Wechselrichter-Eingangsspannung bzw. im

MPP-Arbeitsbereich des Wechselrichters liegen. Die Wechselrichter-Eingangsspannung ist sehr unterschiedlich und vom Fabrikat sowie vom Wechselrichtertyp abhängig. Übliche Werte liegen zum Beispiel bei 24 bis 60 Volt, 140 bis 400 Volt, 125 bis 600 Volt, 450 bis 800 Volt usw.
Wichtig ist, dass der Wechselrichter mit einem guten Wirkungsgrad arbeitet, der wegen der notwendigen Spannungsanpassung zwischen Ein- und Ausgangsspannung unterschiedlich und deshalb auch von der Höhe der Eingangsspannung abhängig ist. Wechselrichter mit Transformatoren erreichen bei niedrigerer Eingangsspannung einen besseren Wirkungsgrad und somit einen höheren Ertrag. Bei trafolosen Wechselrichtern gilt das Gegenteil.
Die meisten Empfehlungen basieren darauf, dass im Rahmen einer sorgfältigen Anlagenauslegung, bestimmte Kenndaten der Module und der Wechselrichter aufeinander abgestimmt werden müssen, die aus den Datenblättern zu den jeweiligen Systemkomponenten hervorgehen. Einige der wichtigen Kenngrößen sind nicht direkt den Datenblättern zu entnehmen, sondern müssen über Formeln aufwändig ermittelt werden. Um diese Arbeit zu erleichtern, wurden von den Wechselrichter-Herstellern Computer-Simulations-Programme entwickelt, die dem Planer die tägliche Arbeit erleichtert. Die Simulations-Software beinhaltet die wichtigsten Daten der Wechselrichter und die der gängigen Photovoltaikmodule. Diese Programme sind einfach in der Bedienung und geben sehr schnell Auskunft über kritische Betriebszustände der zu planenden und/oder zu überprüfenden Anlagenkonstellation. Solche PC-Programme geben dem Planer die Sicherheit, dass er auf Abweichungen von der richtigen Auslegung aufmerksam gemacht wird, wie zum Beispiel zu kleine oder zu große Generatorspannungen usw. Nach Eingabe der wichtigsten Parameter wie Standort, Generatorleistung, Ausrichtung, Modultyp, erhält der Planer als Ergebnis die Anzahl der Stränge sowie die Anzahl der Module pro Strang und den Typ sowie die Anzahl der erforderlichen Wechselrichter. Zusätzlich erhält der Planer alle wichtigen Daten, die zur Beurteilung einer wirtschaftlichen und ertragsoptimierten Anlage wichtig sind. Somit kann der Projektant die Auswirkungen auf den Ertrag sowie die Investitionskosten abschätzen und dem Interessenten ein Angebot für eine maßgeschneiderte Anlage unterbreiten.
Die Bilder 3.1.5 und 3.1.6 enthalten die Temperaturabhängigkeit des Generator-Kurzschlussstroms und die Reduktion der MPP-Leistung in Abhängigkeit von der Zelltemperatur, ausgehend von den STC (25 °Celsius mit 0 %).

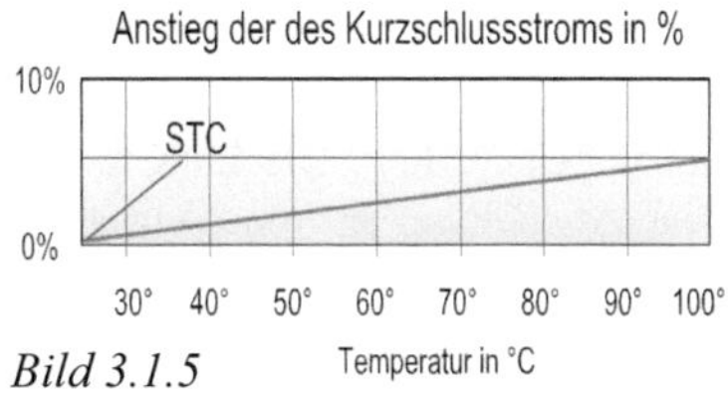

Bild 3.1.5

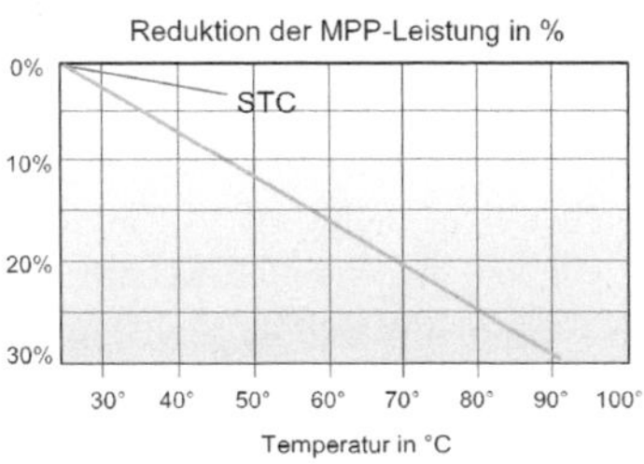

Bild 3.1.6

3.2 Wechselstromseitige Schutzeinrichtungen

Der Netzbetreiber fordert eine Schutzeinrichtung zwischen einer Photovoltaikanlage und dem öffentlichen Stromnetz, um die Personensicherheit netzseitig zu gewährleisten. Schaltet der Netzbetreiber sein Netz ab, um zum Beispiel Wartungsarbeiten durchzuführen, darf die Photovoltaikanlage nicht weiter einspeisen, da sonst die vom Netzbetreiber freigeschalteten Leitungen weiterhin spannungsführend wären. Dabei sind die selbsttätige Freischaltstelle oder eine dem Netzbetreiber jederzeit zugängliche manuelle Freischaltstelle zugelassen. Die selbsttätigen Freischaltstellen (SFS) wurden als gleichwertiger Ersatz für eine jederzeit dem Personal des Netzbetreibers zugängliche Schaltstelle mit Trennfunktion entwickelt. Es handelt sich dabei um eine automatische Einrichtung zur Netzüberwachung, die aufgrund ihrer doppelten Schaltorgane in Reihe und deren paralleler Ansteuerung redundanten Schutz gewährleistet. Bei Spannungsunterbrechungen, Spannungsabweichungen, Fehlerströmen, oder Frequenzänderungen trennt die selbsttätige Freischaltstelle die Photovoltaikanlage vom Stromnetz.

In Deutschland war bis 2004 der Einsatz einer sogenannten ENS als selbsttätige Freischaltstelle üblich. Die ENS misst die Netzimpedanz. Sie erkennt Netzausfall oder Netzabschaltung an Impedanzsprüngen und trennt die Photovoltaikanlage vom Netz, sobald sich ein Impedanzsprung > 0,5 bzw. > 1 Ohm ereignet. Die Netzimpedanz wird gemessen zwischen einem Außenleiter und dem Neutralleiter. Dabei wird jedoch nur der ohmsche Anteil der Netzimpedanz berücksichtigt. Der Netzwiderstand ergibt sich aus den Leitungswiderständen und dem Widerstand aller eingeschalteten Verbraucher sowie dem Widerstand des Ortsnetztransformators (Bild 3.2.1). Die Größe der Netzimpedanz wird vor allem vom Ortsnetztransformator wegen seines geringen Widerstands bestimmt. Durch das Öffnen der Verbindung zum Ortsnetztransformator erhöht sich der Netzwiderstand, so dass die Impedanz-Überwachung die Solarstromeinspeisung des Wechselrichters unterbricht. Bei jedem Anfahren der Anlage, also täglich, führt die ENS einen Selbsttest durch. Nach Erkennen eines Fehlers schaltet die ENS dauerhaft ab, bis der Fehler beseitigt ist. Die ENS besitzt die Funktion eines Lasttrennschalters und kann somit in Anlagen bis 30 kVA eine „jederzeit für das Personal des Netzbetreibers zugängliche Freischaltstelle“ ersetzen.

Für Photovoltaikanlagen mit einer Anlagenleistung > 30 kVA ist unabhängig vom eingesetzten Schutzsystem immer eine dem Netzbetreiber jederzeit zugängliche Schaltstelle mit Trennfunktion erforderlich. Eine jederzeit zugängliche Schaltstelle kann zum Beispiel in den Kabelverteilerschrank, Kabelanschlussschrank oder in die Transformatorstation eingebaut werden. Für Anlagen mit einer Leistung < 30 kVA kann auf die jederzeit zugängliche Schaltstelle mit Trennfunktion verzichtet werden, wenn zum Beispiel ein einphasig einspeisender und nicht inselbetriebsfähiger Wechselrichter bis zu einer maximalen Leistung von 4,6 kVA mit einer dreiphasigen Spannungsüberwachung zum Einsatz kommt (Bild 3.2.2). Darüber hinaus kann in Anlagen mit einer Leistung < 30 kVA auf die dem Netzbetreiber jederzeit zugängliche Schaltstelle mit Trennfunktion verzichtet werden, wenn eine SFS (selbsttätige Freischaltstelle) mit Impedanzmessung (ENS), oder mit dreiphasiger Spannungsüberwachung, oder nach Schwingkreistest, zur Anwendung kommt. Die SFS muss eine Abschaltung innerhalb von 0,2 Sekunden bewirken, wenn die Spannung an den einspeisenden Außenleiter das 0,8fache der Netzspannung unterschreitet oder das 1,15fache der Netzspannung überschreitet. Weiterhin ist eine Abschaltung innerhalb von 0,2 Sekunden erforderlich, wenn die Netzfrequenz den Wert von 50,2 Hz über- oder 47,5 Hz unterschreitet.

Bild 3.2.1

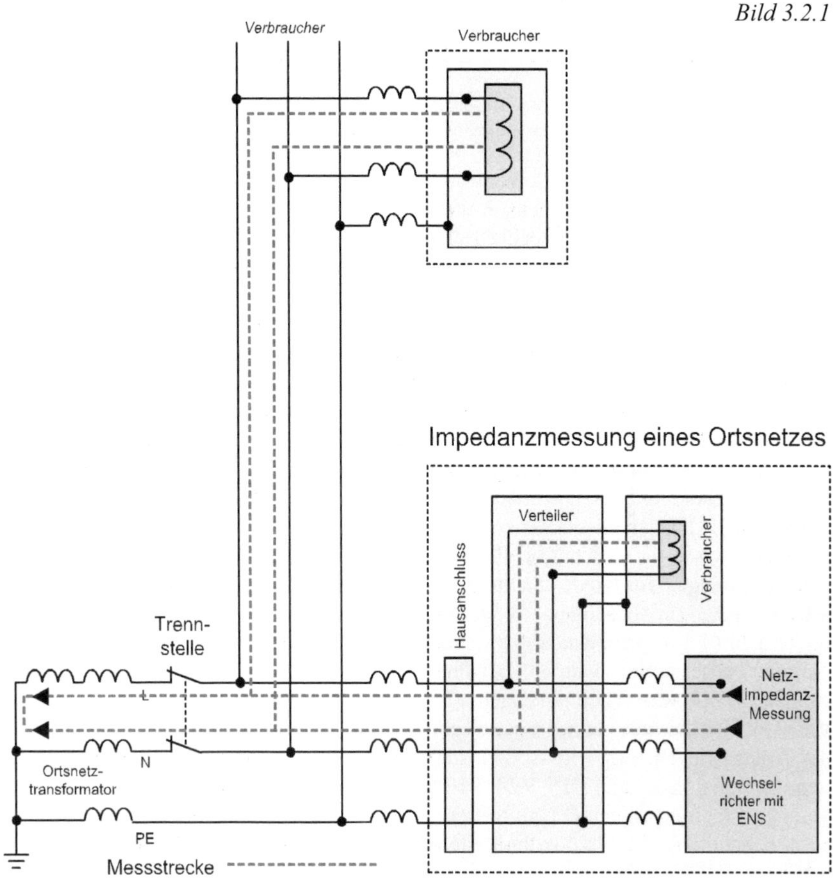

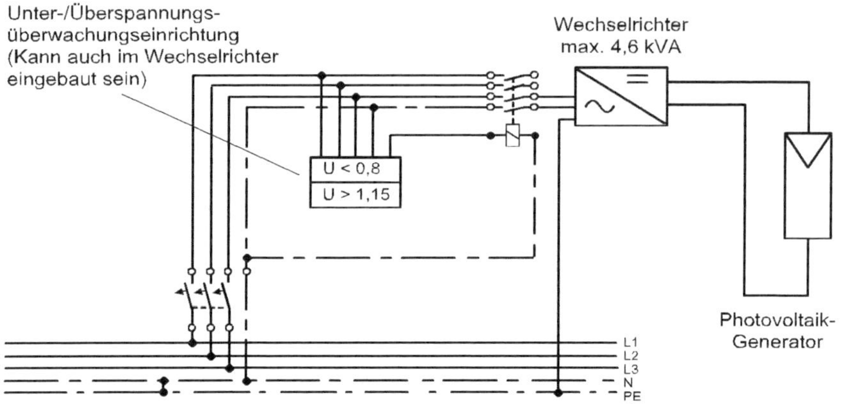

Bild 3.2.2

Die selbsttätige Freischaltstelle kann im Wechselrichter integriert sein oder als separates einphasiges Gerät bis 4,6 kVA und dreiphasig bis 30 kVA eingesetzt werden. In Anlagen mit trafolosem Wechselrichter ist eine allstromsensitive Fehlerstrom-Schutzeinrichtung erforderlich. Durch die bei trafolosem Wechselrichter fehlende galvanische Trennung vom Photovoltaik-Generator zum Netz kann eine Personengefährdung entstehen, die von einer konventionellen Fehlerstrom-Schutzeinrichtung nicht erkannt wird. Aus diesem Grund muss eine allstromsensitive Fehlerstrom-Schutzeinrichtung zum Einsatz kommen, die einen 30 mA Fehlerstrom auch dann erkennt, wenn er als reiner Gleichstrom auftritt. Die allstromsensitive Fehlerstrom-Schutzeinrichtung muss beim Einsatz trafoloser Wechselrichter zusätzlich installiert werden, wenn sie nicht im Wechselrichter integriert ist. Bei der Planung von netzgekoppelten Photovoltaikanlagen sind grundsätzlich die Richtlinien „Eigenerzeugungsanlagen am Niederspannungsnetz“ vom Verband der Netzbetreiber (www.vdn-berlin.de) sowie die „Richtlinie für den Anschluss und Parallelbetrieb von Eigenerzeugungsanlagen am Niederspannungsnetz“ vom Verband der Elektrizitätswirtschaft VDEW e.V. zu beachten. Weiterhin müssen die Technischen-Anschluss-Bedingungen (TAB) des zuständigen Netzbetreibers und alle maßgebenden DIN VDE Normen berücksichtigt werden. Bei Photovoltaikanlagen kann der Kurzschlussstrom im Inselbetrieb wesentlich niedriger sein als der Kurzschlussstrom im Netzparallelbetrieb. Im Inselbetrieb kann der Kurzschlussstrom auch unter dem Bemessungsstrom der Anlage liegen. Der Einsatz von Fehlerstrom-Schutzeinrichtungen bezüglich der Schutzmaßnahmen nach DIN VDE 0100 ist für inselbetriebsfähige Photovoltaikanlagen meist unumgänglich. Die zu treffenden Maßnahmen, auch hinsichtlich der Sternpunktbehandlung des Photovoltaik-Generators, sind gegebenenfalls mit dem Netzbetreiber abzustimmen.

Bild 3.2.3

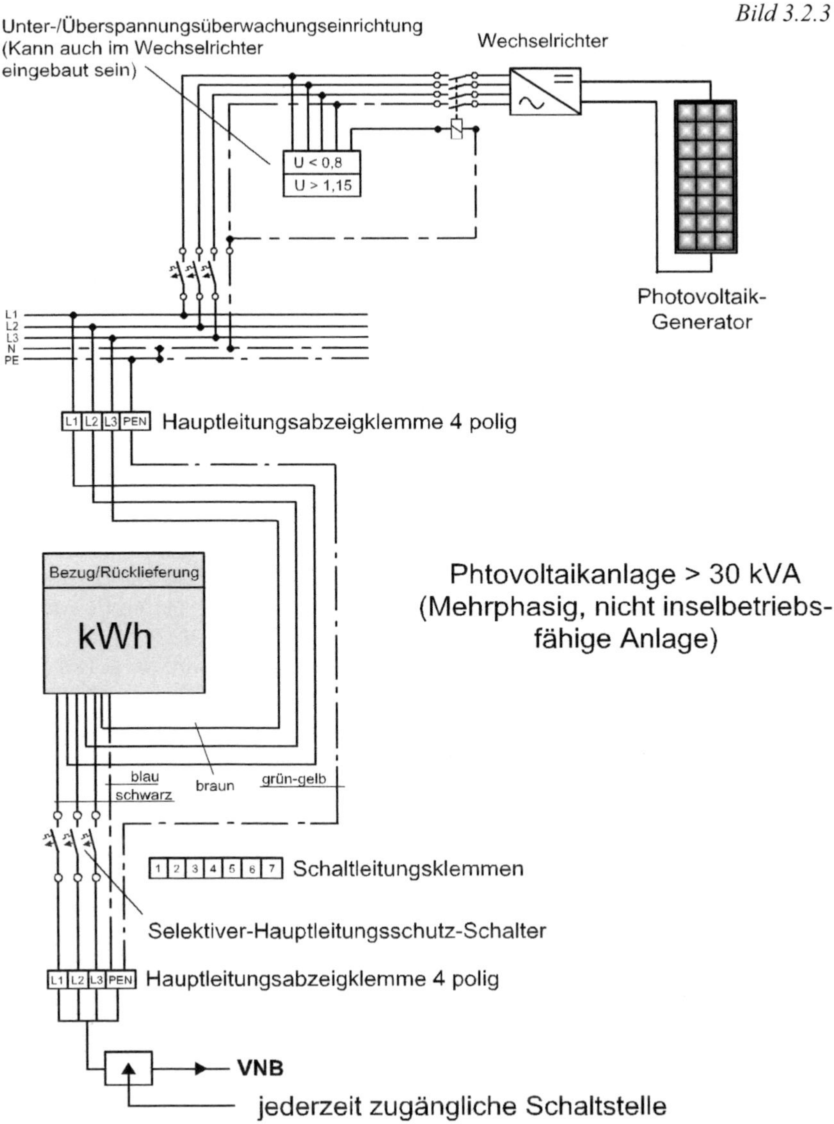

Für Photovoltaikanlagen > 30 kVA ist unabhängig vom eingesetzten Schutzsystem, immer eine dem Personal des Netzbetreibers jederzeit zugängliche Schaltstelle mit Trennfunktion erforderlich (Bild 3.2.3).

3.3 Zähler und Messeinrichtungen

Vor dem Inkrafttreten des EEG wurde der Solarstrom auch in das Hausnetz eingespeist und nur der überschüssige Strom wurde an den Netzbetreiber geliefert. Die Solarstrom-Einspeisung über einen gemeinsamen Zähler war bis zum 31. März 2000 üblich. Vor dieser Zeit wurde der Solarstrom entsprechend dem Stromeinspeisungsgesetz (StrEG) zu einem Tarif vergütet, der unterhalb des Verbrauchstarifs lag. Der Einspeisepunkt der Photovoltaikanlage lag bis dahin auf der Seite der Kunden des Netzbetreibers. Bei der Inbetriebnahme der Photovoltaikanlage wurde damals nur der vorhandene Verbrauchszähler gegen einen elektronischen Zweirichtungszähler ausgetauscht. Dieser Zähler erfasste die elektrische Energie in beiden Richtungen getrennt. Lieferung und Bezug konnten dadurch zu unterschiedlichen Tarifen abgerechnet werden. Je nach Leistung der Photovoltaikanlage, wurde von ihr der Bedarf des Kunden an elektrischer Energie ganz oder nur teilweise gedeckt. Lag die erzeugte Leistung über der Leistungsaufnahme der Verbraucher, so erfolgte eine Einspeisung in das öffentliche Netz. Bei einem Verbrauch der höher als die momentan erzeugte Leistung war, floss der Solarstrom direkt zum Verbraucher und der zusätzliche Bedarf wurde aus dem öffentlichen Stromnetz geliefert. Wechselrichter mit ENS konnten an jeder beliebigen Stromkreisverteilung angeschlossen werden.

Nach der Neuauflage des EEG mit erhöhter Einspeisevergütung wird der gesamte Solarstrom meist nur noch über einen eigenen Einspeisezähler parallel in das öffentliche Netz eingespeist.

Erfolgt die Einspeisung über einen eigenen Zähler, so ist für den Einspeisezähler einer Photovoltaikanlage ein separater voll bestückter Zählerplatz bereit zu stellen. Die AC-Zuleitung des Wechselrichters muss in diesem Fall bis zum Zählerschrank verlegt und über den Einspeisezähler geführt werden. Der Einspeisepunkt liegt somit auf der Netzseite, so dass die Photovoltaikanlage unabhängig von der Kundenanlage arbeitet. Bei Photovoltaikanlagen bis 30 kVA kann die Messung zum Beispiel über Wechsel- bzw. Drehstromzähler ohne Rücklaufsperre realisiert werden und bei Photovoltaikanlagen > 30 kVA erfolgt die Messung meist über Drehstromzähler in beide Energierichtungen.

Die Bilder 3.3.1 und 3.3.2 zeigen die Zählerverdrahtung für Drehstromzähler in einem TT-System und in einem TN-C-S-System. Die Zählerverdrahtung bleibt farblich für beide Zähler gleich. Der Anschluss des Zählers für die Stromlieferung bzw. Einspeisung erfolgt gegensinnig. Das heißt, die von der Photovoltaikanlage kommende Leitung wird am Zähler für die Stromlieferung so angeschlossen wie die Zuleitung des Netzbetreibers am Zähler für den Strombezug.

Zähler, die zur Abrechnung dienen sind auf Zählerplätzen anzuordnen, die den TAB entsprechen (Bild 3.3.3). Der in vielen Zählerschränken vorhandene freie Platz für ein

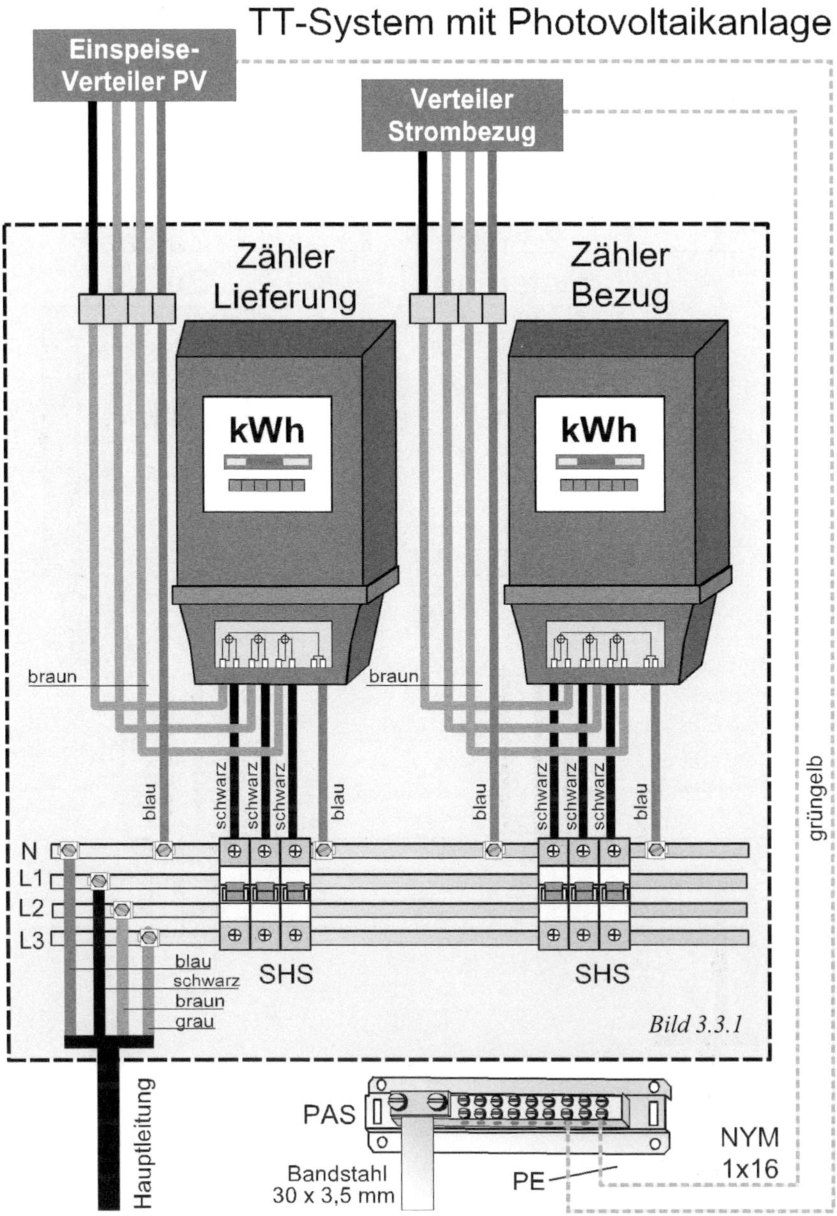
TT-System mit Photovoltaikanlage
Einspeise-
Verteiler PV
Verteiler
Strombezug
Zähler
Lieferung
Zähler
Bezug
kWh
kWh
braun
braun
blau
schwarz
schwarz
schwarz
blau
blau
schwarz
schwarz
schwarz
blau
grüngelb
N
L1
L2
L3
blau
schwarz
braun
grau
SHS
SHS
Hauptleitung
PAS
Bandstahl
30 x 3,5 mm
PE
NYM
1x16

Bild 3.3.1

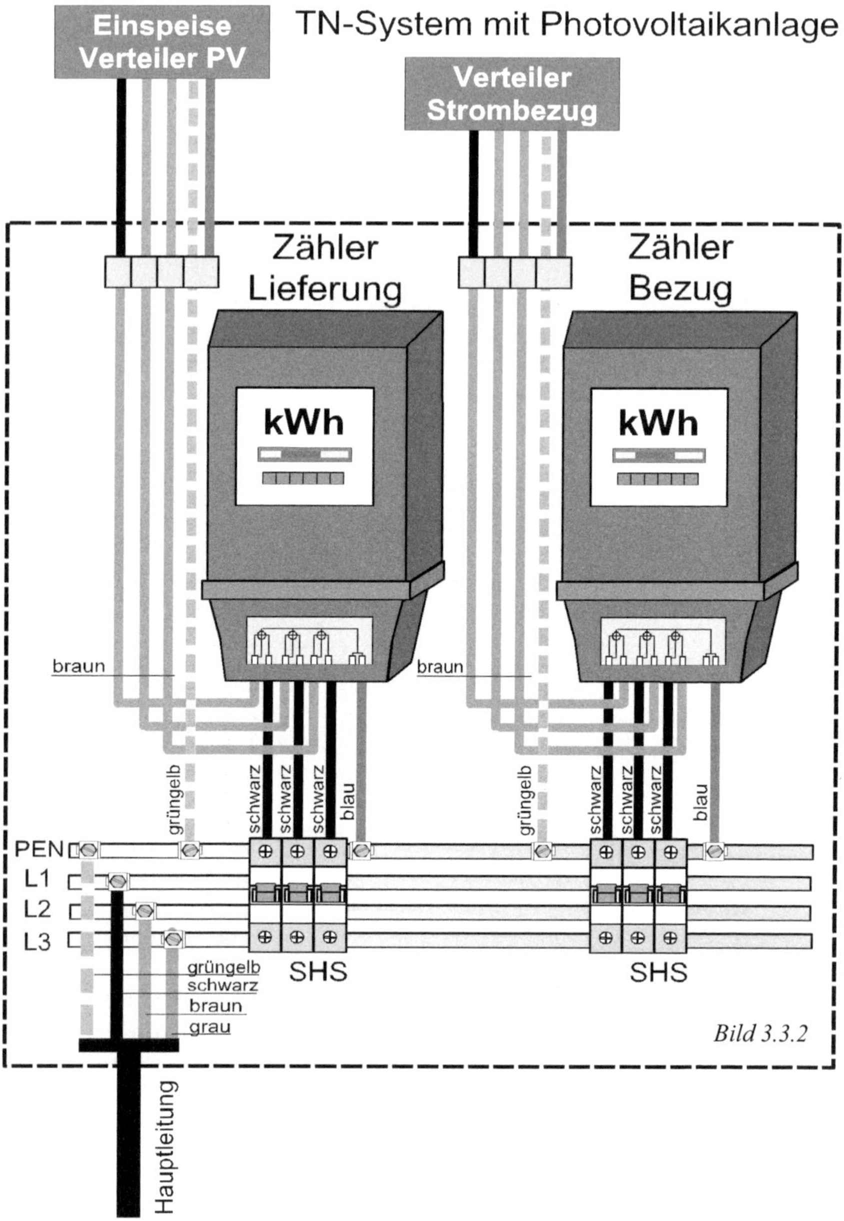

Einspeise Verteiler PV
TN-System mit Photovoltaikanlage
Verteiler Strombezug
Zähler Lieferung
Zähler Bezug
kWh
kWh
braun
braun
grüngelb
schwarz
schwarz
schwarz
blau
grüngelb
schwarz
schwarz
schwarz
blau
PEN
L1
L2
L3
grüngelb
schwarz
braun
grau
SHS
SHS
Hauptleitung

Bild 3.3.2

Tarifsteuergerät kann so ausgebaut bzw. verdrahtet werden, dass er sich für die Anbringung des Einspeisezählers einer Photovoltaikanlage eignet. Voraussetzung dafür ist, dass im Zählerschrank kein Reserveplatz für die Montage eines zusätzlichen Zählers vorhanden ist. Die Zählerverdrahtung nimmt der Netzbetreiber selbst vor oder er stellt dem Errichter der Photovoltaikanlage hierfür die richtigen Schaltpläne zur Verfügung. Die erforderlichen Zähler richten sich vor allem nach den Vertragsverhältnissen für Einspeisung und Bezug. Deswegen ist bereits in der Planungsphase diesbezüglich eine Absprache mit dem Netzbetreiber zu empfehlen.

Bild 3.3.3

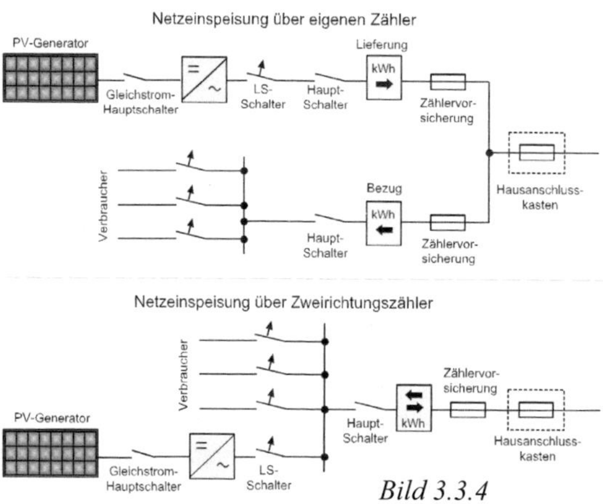

Bild 3.3.4

Das Bild 3.3.4 enthält die prinzipielle Darstellung der früher üblichen Netzeinspeisung über einen elektronischen Zweirichtungszähler und im Vergleich dazu die heute nach EEG übliche Einspeisung über einen eigenen Einspeisezähler, der nur zur Abrechnung für den in das öffentliche Netz eingespeisten Solarstrom dient.

Der Reserveplatz für Steuereinrichtungen, die zum Beispiel für die automatische

Umschaltung eines Doppeltarifzählers von Hoch- auf Niedertarif zum Einsatz kommen, darf nicht ohne weiteres für den Einspeisezähler einer Photovoltaikanlage verwendet werden. Da es nicht zulässig ist ein Tarifsteuergerät außerhalb des Zählerschrankes zu montieren, ist nach wie vor bei Neuanlagen ein freier Zählerplatz im Zählerschrank für ein Tarifsteuergerät vorzusehen. Doppeltarifzähler und ein Tarifsteuergerät werden zum Beispiel benötigt, wenn eine elektrische Nachtspeicherheizung oder ein Warmwasserspeicher installiert werden soll, für die der VNB zum Aufladen der Speicherheizgeräte – meist in der Nacht – einen günstigeren Stromtarif zur Verfügung stellt. Wegen der Unterbringung einer Steuereinrichtung in der sogenannten Huckepack-Technik (Bild 3.3.5) ist Rücksprache mit dem VNB notwendig.

Bild 3.3.5

Das Bild 3.3.6 enthält den Schaltplan für die Messung einer Warmwasserversorgung über einen Doppeltarifzähler mit separatem Tarifsteuergerät und einem zusätzlichen Hochtarifzähler der für die Zählung der allgemeinen Verbraucher dient.
Auch eine veränderte Ausrüstung des Zählerschrankes bedarf der Abstimmung mit dem jeweiligen VNB. Hinweise hierzu sind meist in den Erläuterungen zur TAB des jeweiligen Verteilnetzbetreibers enthalten.

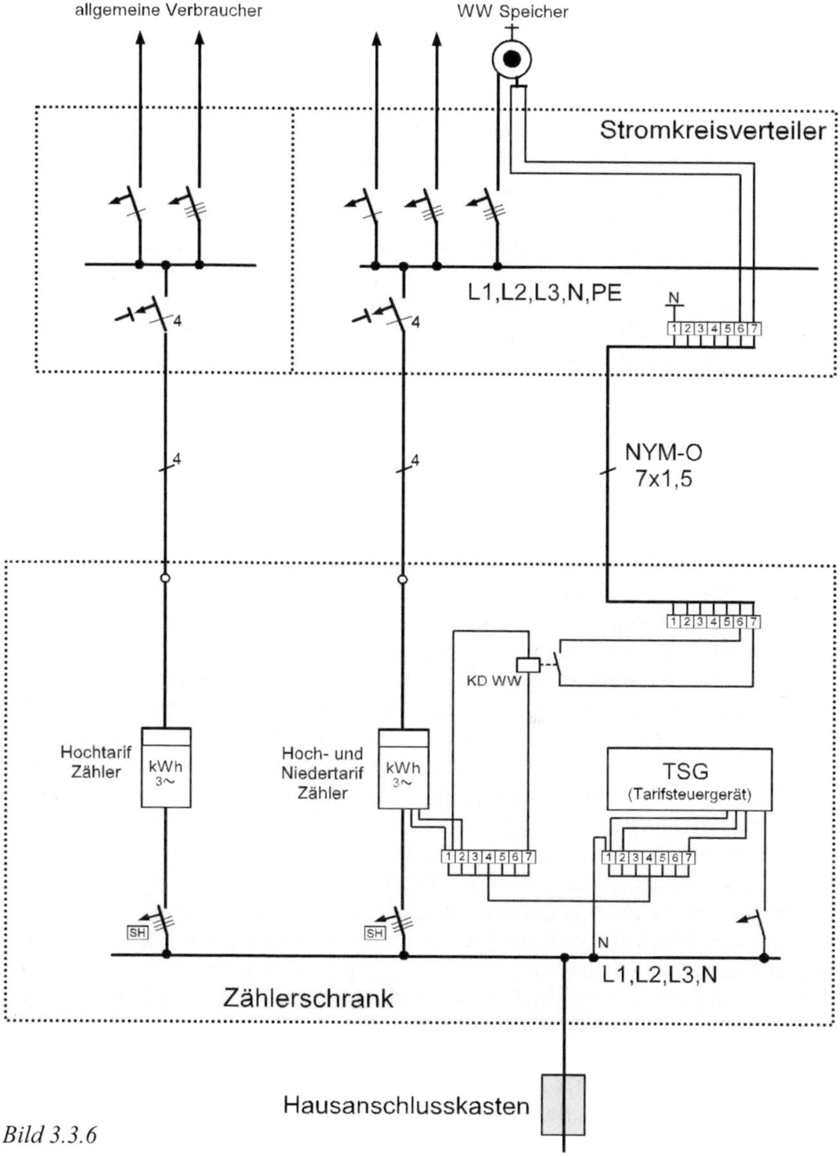
allgemeine Verbraucher
WW Speicher
Stromkreisverteiler
L1,L2,L3,N,PE
N
1 2 3 4 5 6 7
4
4
4
4
NYM-O
7x1,5
1 2 3 4 5 6 7
KD WW
Hochtarif
Zähler
kWh
3~
Hoch- und
Niedertarif
Zähler
kWh
3~
TSG
(Tarifsteuergerät)
1 2 3 4 5 6 7
1 2 3 4 5 6 7
SH
SH
N
L1,L2,L3,N
Zählerschrank
Hausanschlusskasten

Bild 3.3.6

3.4 Anmeldung und Netzanschluss

Sobald die Leistung und der Montageort des Photovoltaikgenerators feststehen, führt der Interessent ein ausführliches Vorgespräch mit dem Planer oder Elektroinstallateur und eventuell mit einem Dachdecker, der das Montagesystem für den Photovoltaikgenerator auf dem Dach des Gebäudes anbringt. Nach einer Anlagenbesichtigung kann ein Übersichtsplan bzw. Schaltbild mit den technischen Daten der Photovoltaikanlage erstellt werden (Bild 3.4.1), der gemeinsam mit einem Datenblatt des zum Einsatz kommenden Wechselrichters und gegebenenfalls mit einer Konformitätserklärung und einer Unbedenklichkeitsbescheinigung dem Netzbetreiber für die Netzberechnung zur Verfügung gestellt wird. Bei der Anmeldung werden die Anschlussart und der Netzeinspeisepunkt von einem konzessionierten Elektroinstallateur mit dem Netzbetreiber abgestimmt. Die Lage des Netzeinspeisepunktes ist abhängig vom gewählten Wechselrichterkonzept. Bei einer Einspeisung über einen eigenen Zähler, wie es bei einer Einspeisevergütung nach EEG der Fall ist, wird die Anschlussleitung vom Wechselrichter bis zum Zählerschrank verlegt. Die Prüfung der ausreichenden Dimensionierung des Netzeinspeisepunktes erfolgt nach der Richtlinie für den Anschluss und Parallelbetrieb von Eigenerzeugungsanlagen am Niederspannungsnetz, herausgegeben vom Verband der Elektrizitätswirtschaft (VDEW). Wenn die geforderten Werte nicht eingehalten werden, würde laut VDEW eine Netzverstärkung oder eine Einspeisung ins Mittelspannungsnetz notwendig, die für den Anlagenbetreiber zu höheren Investitionskosten führt. Die notwendigen Kosten des Anschlusses an den technisch und wirtschaftlich günstigsten Verknüpfungspunkt des Netzes sowie der notwendigen Messeinrichtungen zur Erfassung der gelieferten und der bezogenen elektrischen Energie trägt der Anlagenbetreiber. Bei einer Anlage, die eine Leistung von 30 Kilowatt nicht überschreitet und die sich auf einem Grundstück mit vorhandenen Netzanschluss befindet, gilt der Verknüpfungspunkt des Grundstücks mit dem Netz als günstigster Verknüpfungspunkt. Besteht der Netzbetreiber auf einen Verknüpfungspunkt, der weiter entfernt ist, so hat er nach EEG, die daraus resultierenden Mehrkosten zu tragen. Für größere Anlagen kann der Anlagenbetreiber vom Netzbetreiber eine Netzverträglichkeitsprüfung mit den notwendigen Netzdaten anfordern, die spätestens acht Wochen nach Beantragung beim Planer vorliegen muss. Mit der Netzberechnung wird vom Netzbetreiber in der Regel die Einspeisezusage erteilt, gegebenenfalls mit einem zusätzlichen Angebot über die Anschlusskosten. Die Anmeldung sollte erst dann erfolgen, wenn das Anlagenkonzept und die Systemkomponenten festgelegt sind und der Auftrag zum Bau der Anlage erteilt wurde.

Zu beachten ist, dass zum Beantragen einer Förderung und eventuell auch für die Finanzierung ein vollständiges Angebot erforderlich ist. Die bewilligende Behörde erstellt nach der Bearbeitung einen Bescheid. Die Auftragsvergabe an die ausführende

Firma darf üblicherweise erst nach dem Erhalt des Bescheids erfolgen. Hier sind jedoch die Richtlinien des jeweiligen Förderprogramms entscheidend.
Der Elektroinstallateur benötigt für die Inbetriebnahme das VDEW-Formblatt zur Fertigstellung/Inbetriebsetzung und das Inbetriebsetzungsprotokoll für eine Eigenerzeugungsanlage mit Unterschrift des Anlagenbetreibers. Die Fertigmeldung an den Netzbetreiber erfolgt sobald die ausführende Firma absehen kann, wann die Anlage komplett installiert ist. Die Inbetriebsetzung der Photovoltaikanlage meldet der Errichter mindestens fünf Arbeitstage vorher dem Netzbetreiber. Bei der Inbetriebnahme ist grundsätzlich der Installateur und ein Beauftragter des Netzbetreibers anwesend. Dabei wird der neue Zähler gesetzt und die Funktion der Anlage überprüft.

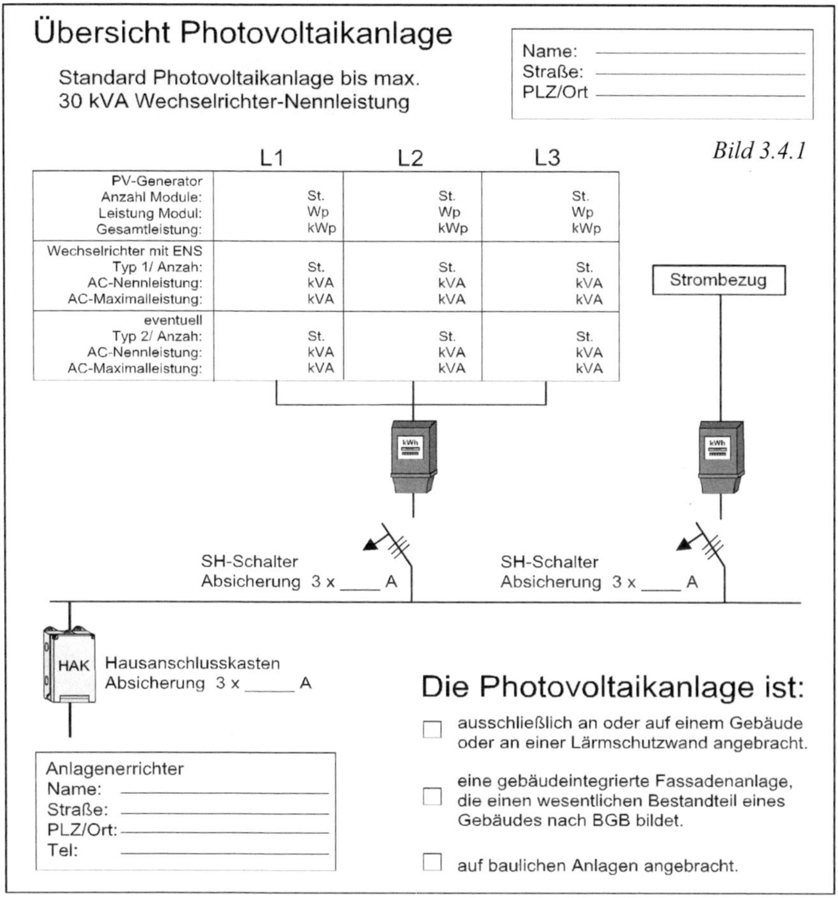

Übersicht Photovoltaikanlage

Standard Photovoltaikanlage bis max. 30 kVA Wechselrichter-Nennleistung

Name: \
Straße: \
PLZ/Ort

	L1	L2	L3
PV-Generator Anzahl Module: Leistung Modul: Gesamtleistung:	St. Wp kWp	St. Wp kWp	St. Wp kWp
Wechselrichter mit ENS Typ 1/ Anzah: AC-Nennleistung: AC-Maximalleistung:	St. kVA kVA	St. kVA kVA	St. kVA kVA
eventuell Typ 2/ Anzah: AC-Nennleistung: AC-Maximalleistung:	St. kVA kVA	St. kVA kVA	St. kVA kVA

Strombezug

SH-Schalter
Absicherung 3 x ____ A

SH-Schalter
Absicherung 3 x ____ A

HAK
Hausanschlusskasten
Absicherung 3 x _____ A

Anlagenerrichter
Name:
Straße:
PLZ/Ort:
Tel:

Die Photovoltaikanlage ist:

- ☐ ausschließlich an oder auf einem Gebäude oder an einer Lärmschutzwand angebracht.
- ☐ eine gebäudeintegrierte Fassadenanlage, die einen wesentlichen Bestandteil eines Gebäudes nach BGB bildet.
- ☐ auf baulichen Anlagen angebracht.

Bild 3.4.1

3.5 Auslegung einer Photovoltaikanlage zur Netzeinspeisung

Als erster Schritt wird eine geeignete Fläche für den Photovoltaikgenerator und deren Größe bestimmt. Aus der ermittelten Fläche ergibt sich die Anzahl der Module und die ungefähre Gesamtleistung des Photovoltaikgenerators. Es sollten Solarmodule ausgewählt werden, die Abmessungen aufweisen, mit denen die zur Verfügung stehende Fläche ausgefüllt werden kann, ohne dass zu große Bereiche ungenutzt bleiben. Nachdem die Größe und Anzahl der Solarmodule feststeht, kann je nach Bedarf die Generatorleistung vergrößert oder verkleinert werden, indem Solarmodule mit einem Zellmaterial bzw. Wirkungsgrad ausgewählt werden, die der gewünschten Generatorleistung entsprechen.

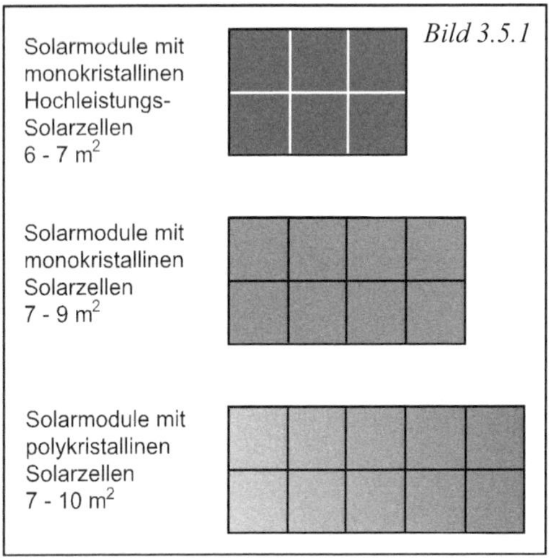

Bild 3.5.1

Für die Modulauswahl sind die Daten der Solarmodule von einem oder von mehreren der in Frage kommenden Hersteller erforderlich. Das Bild 3.5.1 zeigt den Flächenbedarf für einen Photovoltaikgenerator mit einer Spitzenleistung von 1 kWp in Abhängigkeit vom Zellmaterial. Als Mittelwert gilt, dass in etwa eine Fläche von 8 m^2 erforderlich ist um 1 kWp Generatorleistung zu erhalten.

Für das in Bild 3.5.2 dargestellte Beispiel wurde eine zur Verfügung stehende Dachfläche von 8 m x 7,4 m ermittelt (59 m^2). Um auf dieser Dachfläche einen Photovoltaikgenerator mit ca. 5 kWp zu errichten, eignen sich z.B. ploykristalline Module des Typs BP 3160 mit den Abmessungen 159 cm x 79 cm, von denen 36 Stück, aufgeteilt in 4 Stränge mit je 9 Modulen, eine Photovoltaikgeneratorfläche von 7,2 m x 6,4 m (46 m^2) ergeben. Zu beachten ist, dass der Modul-Dachrandabstand mindestens das Dreifache des vertikalen Abstands zwischen Solarmodul- und Dachfläche beträgt und dass zwischen den Modulen eine Dehnungsfuge von ca. 6 mm bis 10 mm vorhanden sein sollte. Für die Beispielanlage wurde ein Anlagenkonzept mit höheren Spannungen gewählt (> 120 Volt), um die Leitungsverluste möglichst gering zu halten. Bei den Kleinspannungsanlagen werden nur 3 bis max. 5 Module in Reihe geschaltet und die Generatorspannung darf nicht über 120 Volt hinausgehen, damit der Photovoltaikgenerator in der elektrischen Schutzklasse III ausgeführt werden kann.

Bild 3.5.2

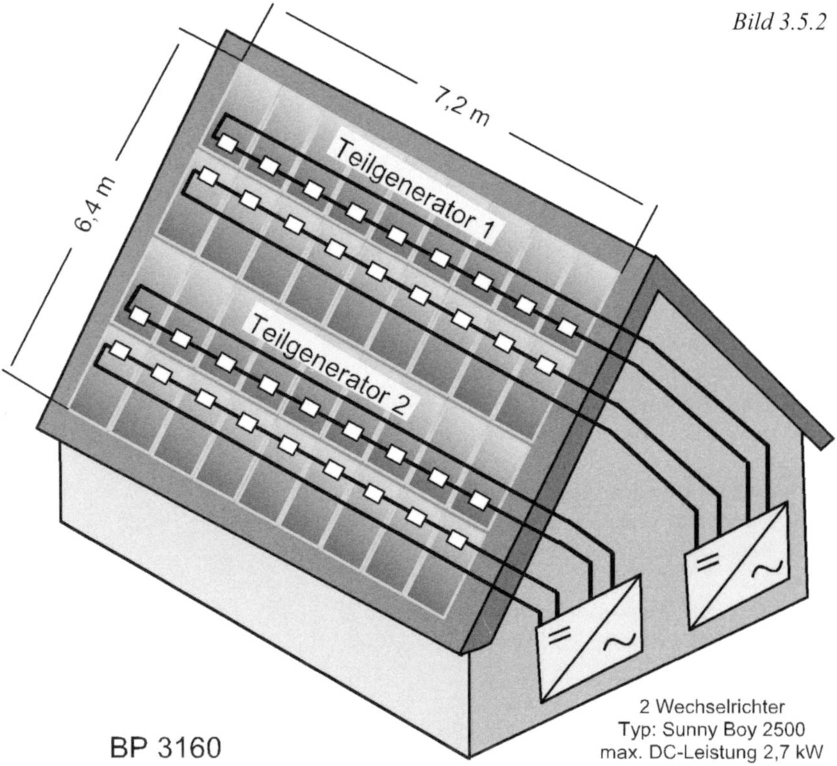

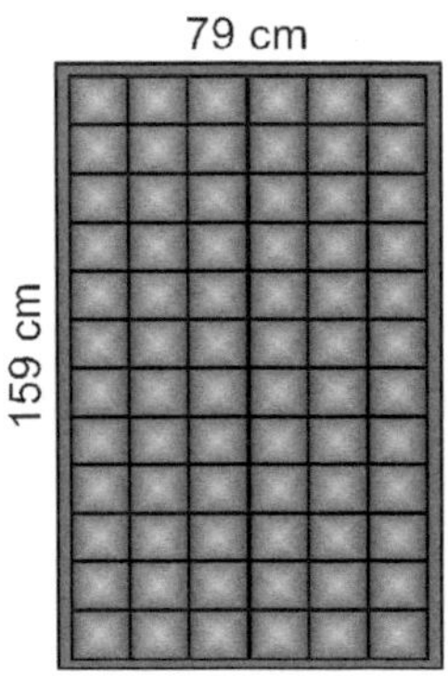

Modulleistungsdaten:
Nennleistung 160 Wp
Leistungstoleranz +/- 3 %
Modulwirkungsgrad 12,7 %
Nominale Spannung 24 V
Spannung bei Pmax (Vmp) 35 V
Strom bei Pmax (Imp) 4,55 A
Kurzschluss-Strom (Isc) 4,8 A
Leerlaufspannung (Voc) 44,2 V
72 polykristalline Zellen (125 mm x 125 mm)
in Reihe geschaltet: Aufteilung 6 x 12
Modulaufbau: 3 mm starkes, gehärtetes Glas
Rückseite: Tedlar-Folie
Zellen in EVA verkapselt
Bypass-Dioden 3 x 9 A /45 V

3. Planung einer Photovoltaikanlage zur Netzeinspeisung

Kleinspannungskonzepte kommen wegen der hohen Generatorströme und den sich daraus ergebenden hohen Leiterquerschnitten nur selten zur Anwendung.
Bei der Beispielanlage (Bild 3.5.2) handelt es sich um ein Teilgeneratorkonzept mit zwei Strangwechselrichtern. Entgegen den reinen Strangwechselrichterkonzepten, bei denen grundsätzlich jeder Strang einen eigenen Wechselrichter erhält, werden in der Beispielanlage für vier Modulstränge nur zwei Strangwechselrichter verwendet. An jedem der Wechselrichter werden zwei Modulstränge parallel geschaltet, so dass sich aus parallel geschalteten Strängen zwei Photovoltaikgeneratoren mit folgenden Daten je Teilgenerator ergeben:

Technische Daten eines Photovoltaik-Teilgenerators:

- Strangleistung (Eingang) = 2,88 kW
- Strangspannung (MPP) bei -10°C = 366 V
- Strangspannung (MPP) bei 50°C = 280 V
- Strangspannung (MPP) bei 70°C = 251 V
- Strangleerlaufspannung bei -10°C = 448 V
- Max. Photovoltaik-Generatorstrom = 9,1 A

Technische Daten des Wechselrichters:

- Min. MPP-Spannung 224 V,
  bei eingestellter Netzspannung von 230 V
- Max. zul. Wechselrichterspannung 600 V
- Max. zul. Wechselrichter DC-Strom = 9,6 A
- Max. DC-Leistung 2,7 kW
- Max. AC-Leistung 2,5 kW

Zur Bestimmung der minimalen Modulanzahl in einem Strang wird eine Zelltemperatur von 70 °C angenommen, da sich die Solarzellen im Sommer bis zu dieser Temperatur aufheizen können. Bei gut hinterlüfteten Anlagen liegt in Deutschland die Zelltemperatur ca. 10 °C unter dem theoretischen Maximalwert von 70 °Celsius.
Bei 70 °C hat ein Solarmodul eine geringere Spannung als bei STC. Sobald die Betriebsspannung der Anlage unter die minimale MPP-Spannung (Beispiel 224 V) des Wechselrichters sinkt würde dieser nur noch eine erheblich reduzierte Energie einspeisen oder sich ganz abschalten. Aus diesem Grund sollte die Mindestanzahl der in Reihe zu schaltenden Module nach folgender Formel berechnet werden:

$$\textbf{Minimale Modulanzahl in einem Strang} = \frac{U_{\mathrm{MPP}}(\mathrm{WR\ min})}{U_{\mathrm{MPP}}(\mathrm{Modul\ 70°C})}$$

In der zuvor beschriebenen Beispielanlage beträgt die Strangspannung der 9 in Reihe geschalteten Solarmodule 251 Volt, bei einer Zelltemperatur von 70 °C. Die Strangspannung geteilt durch die Anzahl der in Reihe geschalteten Module (9) ergibt die Spannung eines Solarmoduls (27,88 Volt) bei 70 °C. Die Mindest-MPP-Spannung des ausgewählten Wechselrichters (224 Volt) geteilt durch die Spannung eines Moduls ergibt die minimale Solarmodulzahl für einem Strang = 8. Das heißt, dass die Solarmodulstränge in der Beispielanlage richtig dimensioniert sind, so dass der Wechselrichter auch bei einer Solarzellentemperatur von 70 °C Strom in das öffentliche Netz einspeisen kann. Die Beispielanlage muss wegen der höheren Spannung (> 120 Volt) als eine Anlage der Schutzklasse II, schutzisoliert ausgeführt werden. Diese Aufteilung des Photovoltaikgenerators ist unter anderem sinnvoll, wenn zum Beispiel an den unten angebrachten Strängen bei tief stehender Sonne eine Verschattung durch Bäume oder andere Hindernisse auftritt. Minderleistung von einzelnen Modulen wegen Verschattung wirkt sich auf alle Module in dem Strang aus, die zu dem betroffenen Modul in Reihe geschaltet sind. Daher werden auch bei Photovoltaikanlagen, die im kleineren Leistungsbereich liegen einzelne Stränge gebildet, die voneinander unabhängig arbeiten. Das Bild 3.5.3 zeigt einen Photovoltaikgenerator, der auf einem verhältnismäßig steilen Dach montiert ist, an dem ein Gebäude mit sehr flacher Dachneigung anschließt. Das führt zu Ertragseinbußen im Winter wegen einer ständigen Verschattung der unteren Modulreihen durch den abrutschenden Schnee, der sich dort eventuell auch für längere Zeit stauen kann. Grundsätzlich ist zu beachten, dass nur Solarmodule mit ähnlichen Umgebungsbedingungen (Neigung, Richtung, Verschattung) zu einem Strang zusammengefasst werden. Vor allem bei sehr langen Strängen kann es zu hohen Leistungsverlusten kommen, da immer das Solarmodul mit der geringsten Einstrahlung den gesamten Strangstrom bestimmt.

Bild 3.5.3

Nachdem die Anlagengröße, Ausrichtung, Neigung, Verschattung, Kabellängen und Wechselrichterstandort ermittelt sind, kann der jährliche Energieertrag der Photovoltaikanlage ermittelt werden, der für die Beispielanlage 5200 kWh beträgt. Das ergibt bei einer Einspeisevergütung nach EEG von 0,51 Euro pro kWh im Durchschnitt 221,- Euro pro Monat.

Bei Verwendung von teureren monokristallinen Hochleistungs-Solarmodulen wäre auf der gleichen Montagefläche eine Photovoltaik-Generatorleistung von fast 8 kWp möglich, die eine Steigerung des jährlichen Energieertrags von 5200 auf etwa 7000 kWh bewirken würde.

3.6 Ausführungsbeispiel mit Stromlaufplan

Das folgende Beispiel zeigt den Aufbau und den Stromlaufplan für eine 4 kWp Photovoltaikanlage (Bild 3.6.1) als Teilgeneratorkonzept mit 2 Strangwechselrichtern (Bild 3.6.2), sowie einem Photovoltaikgenerator bestehend aus 40 Modulen mit einer Leistung von je 100 Watt, von denen jeweils 10 Module in Serie zu einem Strang zusammen geschaltet sind. An jedem Wechselrichter wurden zwei Stränge parallel geschaltet. Die Photovoltaikanlage liefert unter den klimatischen Bedingungen im Raum Nürnberg bei einer Ausrichtung der Module nach Süden und einem Modulneigungswinkel von 30° einen jährlichen Energieertrag von 3666 kWh. Das ergibt bei 51,8 €-Ct/kWh eine jährliche Einspeisevergütung ca. 1900.- €.

Bild 3.6.1

Technische Daten der Anlage:

Bild 3.6.2

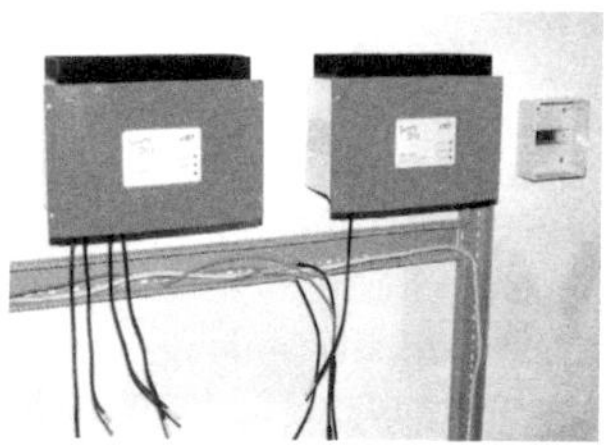

- max. DC-Leistung je Wechselrichter = 2,2 kW
- max. AC-Leistung je Wechselrichter = 2,1 kW
- Photovoltaik-Generatorleistung = 2 x 2 kWp
- Photovoltaik-Generatorfläche = 33,8 qm
- Gesamte Modulzahl = 40 Stück
- Modultyp: RWE Schott Solar 100 Watt/peak
- String-MPP-Spannung bei -10 °C = 402 Volt
- String-MPP-Spannung bei 50 °C = 305 Volt
- String-MPP-Spannung bei 70 °C = 272 Volt
- min. MPP-Spannung = 125 Volt
- String-Leerlaufspannung bei -10 °C = 482 Volt
- max. zulässige WR DC-Spannung = 600 Volt
- max. PV-Generatorstrom = 5,8 Ampere
- max. zulässiger DC-Strom = 7,2 Ampere

Das Bild 3.6.3 enthält den Stromlaufplan mit jeweils einem Zähler für Solarstrom-Einspeisung und für den Strombezug in einem TN-S-System.

Bild 3.6.3

Stromlaufplan mit Messung für eine 4 kWp Photovoltaikanlage

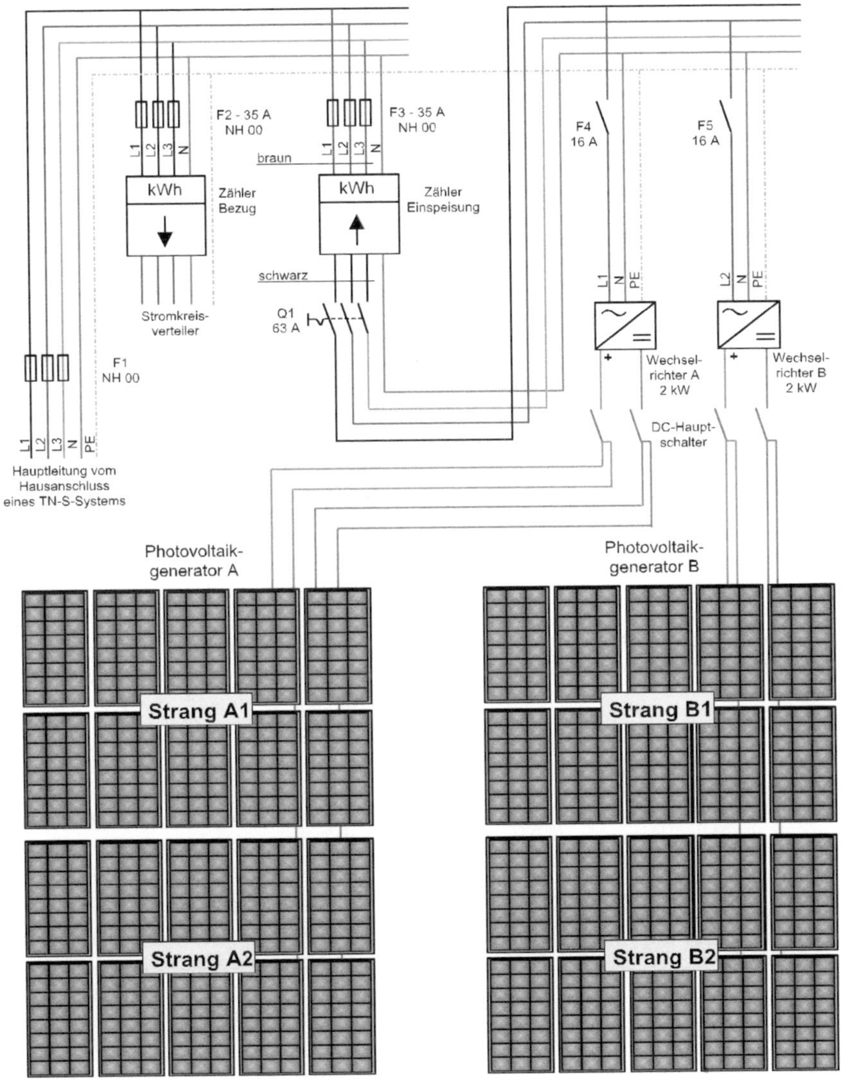

3.7 Dimensionierung der AC- und DC-Leitungen

Für die Verkabelung einer Photovoltaikanlage sollten nur Leitungen zum Einsatz kommen, die für diesen Anwendungsfall geeignet sind. In der Photovoltaiktechnik wird zwischen folgenden Leitungen unterschieden:

- **Modul- und Strangleitungen**
- **Gleichstromhauptleitung**
- **Wechselstromanschlussleitung**

Die Verbindungsleitungen zwischen den Modulen und von den Modulsträngen zu den Generatoranschlusskästen werden als Modulleitungen oder als Strangleitungen bezeichnet (Bild 3.7.1). Um eine erd- und kurzschlusssichere Verlegung zu gewährleisten, darf der Pluspol und Minuspol nicht in einer Leitung verlegt werden, die beide Adern mit einem gemeinsamen Mantel umhüllt. Einadrige Kabel mit doppelter Isolierung haben sich in der Praxis bewährt. Die erd- und kurzschlusssichere Verlegung ist in der VDE 0100 Teil 520 beschrieben. Die doppelt isolierte Gummischlauchleitung H07RN-F ist in der Standardausführung nur bedingt für die Verkabelung eines Photovoltaikgenerators geeignet. Im Außenbereich sollten grundsätzlich nur sogenannte Solarleitungen, die sich vor allem durch ihre UV- und Witterungsbeständigkeit in einem großen Temperaturbereich auszeichnen, eingesetzt werden. Im Handel sind auch mit Metallgeflecht ummantelte Solar-Leitungen erhältlich, die einen zusätzlichen Schutz gegen Nagetiere bieten. In den Modulanschlussdosen können normalerweise Leiter mit einem Querschnitt bis max. 6 mm^2 angeklemmt werden. Solarkabel werden mit einer Leiterisolierung in den Farben rot, blau und schwarz produziert, so dass übersichtliche Generatorverkabelungen möglich sind.

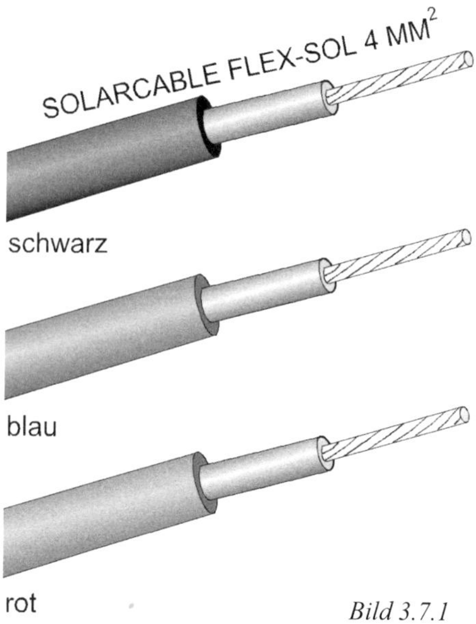

Bild 3.7.1

Bei der Leitungsdimensionierung sind drei wesentliche Kriterien einzuhalten:

- **Spannungsfestigkeit**
- **Strombelastbarkeit**
- **Minimierung der Leitungsverluste**

Die Spannungsfestigkeit der üblichen Modul- und Strangleitungen ist abhängig von Fabrikat und Typ. Sie liegt je nach Hersteller zwischen Leiter und Erde bei 450 bis 1800 Volt und zwischen den Leitern beträgt die vom Leitungstyp abhängige Spannungsfestigkeit 750 bis 3000 Volt. Die Spannungsfestigkeit der Modulleitungen wird von Photovoltaikgeneratoren, die im kleineren Leistungsbereich arbeiten, meist nicht überschritten. Bei großen Anlagen mit langen Modulsträngen sollte diesbezüglich unter Beachtung der maximalen Leerlaufspannung bei -10 °C die ausreichende Spannungsfestigkeit der Leitung überprüft werden.
Bei der Verkabelung des Photovoltaikgenerators können durch eine gut geplante Anordnung der Solarmodule die Leitungslängen kurz gehalten werden, um die so genannte Schleifenbildung und die Leitungsverluste auf ein Minimum zu reduzieren. Nach der Erstellung eines maßstabsgetreuen Dachplans, der die Modulbelegung enthält, können die ungefähren Leitungslängen ermittelt werden (Bild 3.7.2).

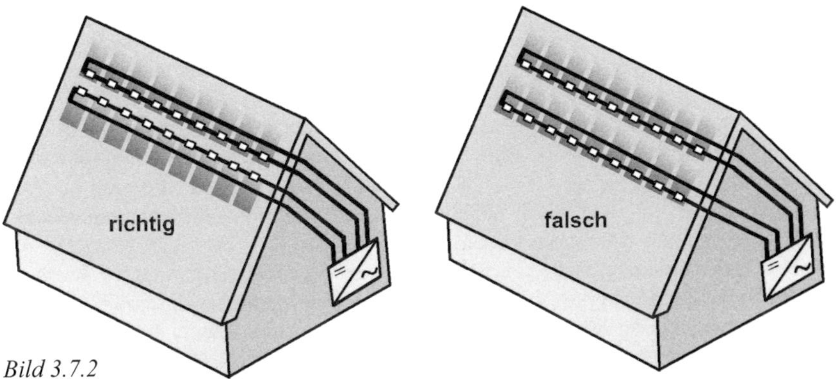

Bild 3.7.2

Der Photovoltaik-Generatorkurzschlussstrom vermindert um den Kurzschlussstrom eines Stranges ist der maximale Strom, der durch die Modul- bzw. Strangleitung fließen kann. Die Leitung sollte mindestens auf diesen Strom ausgelegt werden. Gemäß VDE 0100 Teil 712 (IEC 60364-7-7 12) muss die Strangleitung den 1,25-fachen Generatorkurzschlussstrom tragen können. Bei der Leitungsdimensionierung müssen auch die Verlegebedingungen nach VDE 0298 Teil 4 beachtet werden. Die Strombelastbarkeit der Leitungen wird durch die Umgebungstemperatur, die Bündelung mit anderen Leitern und die Verlegeart entscheidend beeinflusst. An den Dachziegeln kann im Extremfall eine Umgebungstemperatur von 70 °C auftreten, so dass bei der Aufdachmontage zur Dimensionierung der Modul- bzw. Strangleitungen diese Temperatur angesetzt werden muss. Bei der Indachmontage können die Strangleitungen auf eine geringere Umgebungstemperatur (55 °C) ausgelegt werden und eine UV-Beständigkeit der Leitungen ist nicht unbedingt erforderlich.

Für Gleichstromleitungen gilt als grober Richtwert eine Strombelastbarkeit von ca. 2 Ampere pro mm^2 Leiterquerschnittsfläche.

Ein Fehler kann sich auf der positiven und/oder auf der negativen Spannungsseite ereignen. Aus diesem Grund sollten Sicherungen eingesetzt werden. Als Leitungsschutz können neben Schmelzsicherungen auch für Gleichstromanwendung geeignete Leitungsschutzschalter zum Einsatz kommen. In Photovoltaikanlagen mit mehreren Strängen werden in der Regel Strangsicherungen eingesetzt. Im Normalfall kommen Geräteschutzsicherungen zum Einsatz, weil zum Beispiel Neozed-Sicherungen wegen ihrer hohen Auslöseströme ungeeignet sind. Die Sicherung sollte beim doppelten Strangkurzschlussstrom bei STG auslösen. Um ein Fehlauslösen zu vermeiden, sollten Sicherungen zum Einsatz kommen, deren Nennstrom das 1,25-fache des Strangstroms beträgt. Da herkömmliche Geräteschutzsicherungen nur eine Bemessungsspannung von 250 Volt aufweisen, müssen gegebenenfalls spezielle Geräteschutzsicherungen verwendet werden, die für die Spannung des Solarmodulstrangs geeignet sind.

Darüber hinaus erfolgt die Dimensionierung der Leiterquerschnitte unter Berücksichtigung der Leitungsverluste. Hierzu gibt es die Empfehlung, dass der Spannungsfall im Gleichspannungskreis nicht größer als 1 % der Nennspannung des Photovoltaik-Systems unter STC sein sollte. Damit wird die Verlustleistung, verursacht durch alle Gleichstrom-Leitungen, auf 1 % bei STC begrenzt. Diese Empfehlung wird bei Photovoltaikanlagen, die mit einer höheren Wechselrichter-Eingangspannung als 120 Volt arbeiten, mit den üblichen Leiterquerschnitten, bei den normalen Leitungslängen problemlos eingehalten. Bei Photovoltaikanlagen, die mit einer geringeren Wechselrichter-Eingangspannung als 120 Volt arbeiten (Kleinspannungskonzepte), kann bei den üblichen Leitungslängen auch bei Verwendung eines Leiters mit einer Querschnittsfläche von 6 mm^2 der empfohlene Spannungsfall von 1 % überschritten werden. Aus diesem Grund darf in solchen Anlagen der Spannungsfall in den Strangleitungen 1 % und der Spannungsfall in der Gleichstromhauptleitung 2 % betragen. Der tatsächlich fließende Strom ist entsprechend den Einstrahlungsverhältnissen fast immer kleiner als der Nennstrom der Anlage, der nur unter STC-Bedingungen erreicht wird. Bei halbem Strom beträgt der Leitungsverlust nur ein Viertel des Verlustes, der unter STC-Bedingungen auftreten würde.

Mit folgenden Formeln lässt sich der Leiterquerschnitt der Strangleitungen bei annähernd gleichen Leitungslängen, unter Berücksichtigung von 1 % Leitungsverlust bei STC berechnen:

$$\textbf{Leiterquerschnitt (S)} = \frac{l \times 2 \times I_{St}^2}{0{,}01 \times P_{St} \times 56}$$

$$\textbf{Leiterquerschnitt (S)} = \frac{l \times 2 \times P_{St}}{0{,}01 \times U_{MPP}^2 \times 56}$$

$$\textbf{Leiterquerschnitt (S)} = \frac{l \times 2 \times I_{St}}{0{,}01 \times U_{MPP} \times 56}$$

Das Ergebnis wird grundsätzlich auf den nächst höheren Normquerschnitt (2,5 mm^2, 4 mm^2, 6 mm^2) aufgerundet.

Aus folgenden Diagrammen (Bild 3.7.3) kann die maximale Leitungslänge der Strang- und Modulleitungen für den Leiterquerschnitt 4 mm^2 unter Berücksichtigung von 1 % Verlust, ermittelt werden.

Bild 3.7.3

Empfohlene Leitungslänge für Leiterquerschnitt 4 mm^2

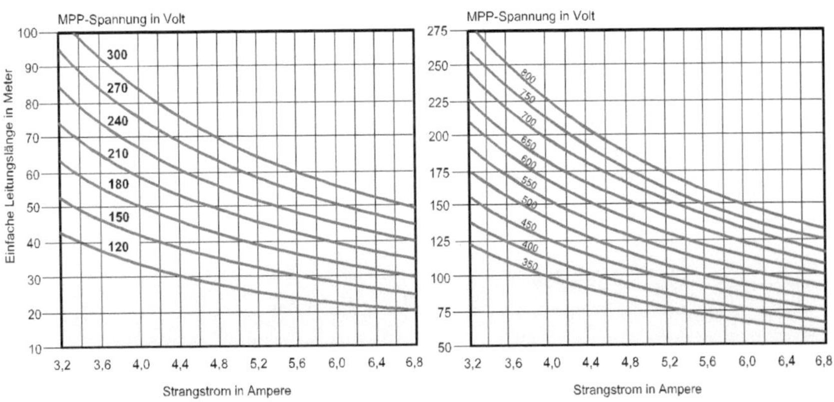

Die Gleichstrom-Hauptleitungen führen vom Modulkoppler bis zum Wechselrichter. Sie müssen den maximalen Kurzschlussstrom des Photovoltaikgenerators tragen können. Als Schutz vor Isolationsfehlern bzw. Erdschlüssen kann ein allstromsensitiver Fehlerstromschutzschalter eingesetzt werden, der für Photovoltaikanlagen mit trafolosem Wechselrichter unbedingt notwendig ist. Beim Einsatz von trafolosen Wechselrichtern mit integrierter allstromsensitiver Fehlerstrom-Schutzeinrichtung kann der zusätzliche Einsatz dieser Schutzeinrichtung entfallen. Die Gleichstromleitungen müssen eindeutig farblich gekennzeichnet werden, um Verpolungen zu vermeiden. Die Plusleitung sollte rot und die Minusleitung sollte schwarz gekennzeichnet sein. Darüber hinaus müssen sie auch so verlegt werden, dass die erd- und kurzschlusssichere Verlegung gewährleistet ist. Dazu sind folgende Voraussetzungen zu erfüllen:

- **Verwendung schutzisolierter Leitungen, z.B. NYM oder NYY**
- **Durch die Art der Verlegung darf eine mechanische Beschädigung nicht möglich sein**
- **Die Plus- und Minus-Leitung muss als getrennte Leitung verlegt werden**
- **Der Leiterquerschnitt muss nach VDE 0100 Teil 430 mindestens für den Generator-Kurzschlussstrom bemessen sein**
- **Die Verlegung erfolgt unter Berücksichtigung der VDE 0100 Teil 510/520**

Der tatsächliche Leiterquerschnitt wird so festgelegt, dass die Verluste in den Gleichstromleitungen kleiner als 1 % der installierten Generatorleistung sind. Weiterhin gilt, dass der für die Dimensionierung maßgebende Strom das 1,25-fache des Generator-Kurzschlussstroms unter STC beträgt (IEC-60364-7-712). Der Querschnitt der Leitung muss entsprechend der zulässigen Strombelastbarkeit des Kabels nach VDE 0298 Teil 4 bzw. nach Herstellerangabe gewählt werden. Dabei sind die Temperaturreduktionsfaktoren und bei Kabelbündelung die Häufungsfaktoren zu berücksichtigen. Mit folgenden Formeln kann der Leitungsverlust von 1 %, bezogen auf die Nennleistung des Photovoltaik-Generators errechnet werden. Der Leiterquerschnitt der Gleichstromhauptleitungen S_{GL} ergibt sich aus:

$$S_{GL} = \frac{2 \times l_{GL} \times I_n^2}{(0{,}01 \times P_{PV} - P_M) \times 56}$$

Der berechnete Wert für den Leitungsquerschnitt der Gleichstromhauptleitung S_{GL} wird auf den nächst höheren Normquerschnitt (2,5 mm^2, 4 mm^2, 6 mm^2, 10 mm^2, 16 mm^2, 25 mm^2, 35 mm^2, 50 mm^2, 70 mm^2, 95 mm^2, 120 mm^2, ...) aufgerundet.
Der tatsächliche Leitungsverlust der Gleichstrom-Hauptleitung P_{GL} berechnet sich für den gewählten Leitungsquerschnitt folgendermaßen:

3.7 Dimensionierung der AC- und DC-Leitungen

$$P_{GL} = \frac{2 \text{ x } l_{GL} \text{ x } I_n^2}{S_{GL} \text{ x } 56}$$

$$P_{GL} = \frac{2 \text{ x } l_{GL} \text{ x } P_{PV}^2}{S_{GL} \text{ x } U_{MPP}^2 \text{ x } 56}$$

Auch die Dimensionierung der Leiterquerschnitte für die **wechselstromseitige Verkabelung** einer Photovoltaikanlage erfolgt wie gehabt nach VDE 0298 Teil 4. Die übliche Berechnung der Querschnitte von Wechselstromleitungen erfolgt unter Berücksichtigung eines Spannungsfalles von 2,5 %, an der Installationsleitung. Als Installationsleitung bezeichnet man die Leitung vom Stromkreisverteiler bis zum Verbraucher. Hinzu kommt ein zulässiger Spannungsfall von 0,5 % in der Verbindungsleitung, die vom Zählerschrank zum Stromkreisverteiler führt.
Das heißt, der Spannungsfall in den Leitungen zwischen Zählerschrank bzw. Messeinrichtung und Verbraucher darf maximal 3 % betragen. Diese 3 % gelten auch für die wechselstromseitige Verkabelung einer Photovoltaikanlage als maximaler Spannungsfall, der von der Wechselstrom-Anschlussleitung verursacht werden darf (Bild 3.7.4). Die Forderung eines Spannungsfalls von maximal 3 % bezogen auf die Netznennspannung von 230/400 Volt bezieht sich auf die DIN 18015.

Der Leiterquerschnitt S_{WL} ergibt sich bei einphasiger Einspeisung aus folgendem:

$$S_{WL} = \frac{2 \text{ x } l_{WL} \text{ x } I_{n\ AC} \text{ x } \cos\varphi}{3\ \%\ U_n \text{ x } 56}$$

Der Leiterquerschnitt für die Drehstromleitung S_{WL} ergibt sich bei einer symmetrischen dreiphasigen Einspeisung nach folgender Formel:

$$S_{WL} = \frac{1{,}73 \text{ x } l_{WL} \text{ x } I_{n\ AC} \text{ x } \cos\varphi}{3\ \%\ U_n \text{ x } 56}$$

Bei Photovoltaikanlagen bis 4,6 kW ergeben sich in der Regel Leiterquerschnitte S_{WL} bis 6 mm^2. Bei einphasigen Wechselrichtern wird zum Beispiel der Leitungstyp NYM-J 3 x 1,5 mm^2 bis NYM-J 3 x 6 mm^2 verwendet. Bei Drehstrom (drei Phasen Wechselstrom) bzw. bei dreiphasiger Einspeisung kommt meist der Leitungstyp NYM-J 5 x 1,5 mm^2 bis NYM-J 5 x 4 mm^2 zum Einsatz. Um für den gewählten Leiterquerschnitt bei einphasiger Einspeisung den Leitungsverlust P_{WL} zu berechnen, können wir folgende Formeln anwenden:

$$P_{WL} = \frac{2 \times l_{WL} \times I_{n\,AC}^{2} \times \cos\varphi}{S_{WL} \times 56}$$

Die nachstehende Formel gilt für dreiphasige Netzeinspeisung:

$$P_{WL} = \frac{1{,}73 \times l_{WL} \times I_{n\,AC}}{U_n \times 56 \times \cos\varphi} \times P_n = \frac{3 \times L_{WL} \times I_{n\,AC}^{2}}{S_{WL} \times 56}$$

Bei unsymmetrischer dreiphasiger Einspeisung durch mehrere einphasige Geräte erhalten wir die Leitungsverluste aus der Summe der einzelnen Leitungsverluste der unterschiedlichen Außenleiter bzw. Phasen und des Neutralleiters:

$$P_{WL} = P_{L1} + P_{L2} + P_{L3} + P_N$$

Zur Berechnung müssen die Ströme in den einzelnen Strängen Ll, L2, L3 und N ermittelt werden. Eine unsymmetrische Belastung ist nur bis zu einer maximalen Unsymmetrie der Außenleiter von 4,6 kVA zulässig.

Entsprechend der Strombelastbarkeit und dem Spannungsfall von Leitungen ist der Nennstrom einer Überstromschutzeinrichtung auszuwählen. Dies geschieht in Abhängigkeit von der Umgebungstemperatur, Verlegeart der Leitung, Querschnitt der Leiter und Länge der Leitung.

Durch die richtige Auswahl der Überstromschutzeinrichtung wird verhindert, dass Leitungen als Folge einer zu hohen Temperatur beschädigt oder zerstört werden. In der Regel wird in Gebäuden eine durchschnittliche Umgebungstemperatur von 25 °C angenommen. In warmen Ländern kann die durchschnittliche Umgebungstemperatur auch bei 30 °C liegen. Auf die Erwärmung der Leitung wirkt sich auch die Verlegeart aus. Es besteht ein wesentlicher Unterschied zwischen einer Leitung, die in Luft mit ungehinderter Wärmeabgabe verlegt ist und einer Häufung von Leitungen, die in einem Elektroinstallationsrohr oder einem Elektroinstallationskanal mit gehinderter Wärmeabgabe liegen. Außerdem ist auch der Querschnitt einer Leitung zu berücksichtigen. Ein Leiter mit einem großen Querschnitt erwärmt sich bei weitem nicht so, als ein Leiter mit einem kleinen Querschnitt. Die Vergrößerung bzw. Verringerung der Strombelastbarkeit bei anderen Temperaturen als 25 °C kann mit nachfolgenden Faktoren umgerechnet werden. Ausgehend von den Strombelastbarkeiten für 25 °C mit dem Wert 1 müssen die Strombelastbarkeiten für andere Umgebungstemperaturen mit folgenden Faktoren multipliziert werden:

- **10 °C (Strombelastbarkeit für 25 °C x 1,15)**
- **15 °C (Strombelastbarkeit für 25 °C x 1,10)**
- **20 °C (Strombelastbarkeit für 25 °C x 1,06)**
- **30 °C (Strombelastbarkeit für 25 °C x 0,94)**
- **35 °C (Strombelastbarkeit für 25 °C x 0,89)**
- **40 °C (Strombelastbarkeit für 25 °C x 0,82)**
- **45 °C (Strombelastbarkeit für 25 °C x 0,75)**

Die Summe der Nennströme aller Verbraucher, die gleichzeitig an einen Stromkreis betrieben werden, sollte unter dem Nennstrom der Überstromschutzeinrichtung liegen. Die Länge und der Querschnitt der Leiter beeinflussen den Spannungsfall. Die Installationsleitung soll so demissioniert werden, dass die Nennspannung des öffentlichen Verteilungsnetzes um nicht mehr als 10 % unterschritten wird.

Ausgehend von der Nennspannung 230 Volt darf also die Betriebsspannung am Gerät, auch beim belasteten Stromkreis, nicht unter 207 Volt liegen. Die Verlegearten von fest verlegten Leitungen sind in der DIN VDE 0298 Teil 2 und 4 beschrieben.

Für die Zuordnung von Leitungsschutzschaltern mit der Charakteristik B und C zu den Nennquerschnitten isolierter Leitungen ist die DIN VDE 0641 maßgebend und die Zuordnung von Leitungsschutzsicherungen mit der Charakteristik gL/gG zu den Nennquerschnitten isolierter Leitungen geht aus der DIN VDE 0636 hervor. Eine weitere wichtige Norm für den Schutz von Leitungen bei Überstrom ist die DIN VDE 0100 Teil 430.

In folgenden Tabellen (Bild 3.7.5 und 3.7.6) stehen die maximalen Leitungslängen (in Metern) für Installationsleitungen unter Berücksichtigung der Leiterquerschnittsfläche und der Überstromschutzeinrichtung bei einem Spannungsfall von 2,5 %.

Darüber hinaus befinden sich in diesen Tabellen Beispiele für die Zuordnung von Überstromschutzeinrichtungen zu den Nennquerschnitten isolierter Leitungen. Die Werte gelten für den Dauerbetrieb bei 25 °Celsius Umgebungstemperatur, zum Beispiel für die Leitungstypen NYM, NYY, NYCY, H07V-U, H07V-R, H07V-K. Es wird in den Tabellen zwischen Wechselstromleitungen mit zwei belasteten Adern und Drehstromleitungen (drei Phasen Wechselstrom) mit drei belasteten Adern unterschieden.

Für Leiter mit einem Nennbelastungsfaktor kleiner 30 % und Leitungen mit sehr kurzen Einschaltzeiten muss keine „Häufung“ berücksichtigt werden.

Bild 3.7.4

Zulässiger Spannungsverlust

Formeln Spannungsfall

Wechselstrom

$$\Delta U = \frac{2 \cdot l \cdot I_B \cdot \cos\varphi}{\chi \cdot S}$$

Drehstrom

$$\Delta U = \frac{1{,}73 \cdot l \cdot I_B \cdot \cos\varphi}{\chi \cdot S}$$

Formeln Leitungslänge

Wechselstrom

$$l = \frac{\Delta U \cdot \chi \cdot S}{2 \cdot I_B \cdot \cos\varphi}$$

Drehstrom

$$l = \frac{\Delta U \cdot \chi \cdot S}{1{,}73 \cdot I_B \cdot \cos\varphi}$$

Formeln Leiterquerschnitt

Wechselstrom

$$S = \frac{2 \cdot l \cdot I_B \cdot \cos\varphi}{\chi \cdot \Delta U}$$

Drehstrom

$$S = \frac{1{,}73 \cdot l \cdot I_B \cdot \cos\varphi}{\chi \cdot \Delta U}$$

ΔU = Spannungsgfall
*)I_B = Betriebsstrom
S = Leiterquerschnitt
U = Nennspannung
l = Leitungslänge
χ = Leitfähigkeit (Cu/56)

*) Für elektrische Anlagen bei denen die DIN 18015-1 zu berücksichtigen ist, gilt:

$I_B = I_n$

(I_n = Nennstrom der vorgeschalteten Überstromschutzeinrichtung)

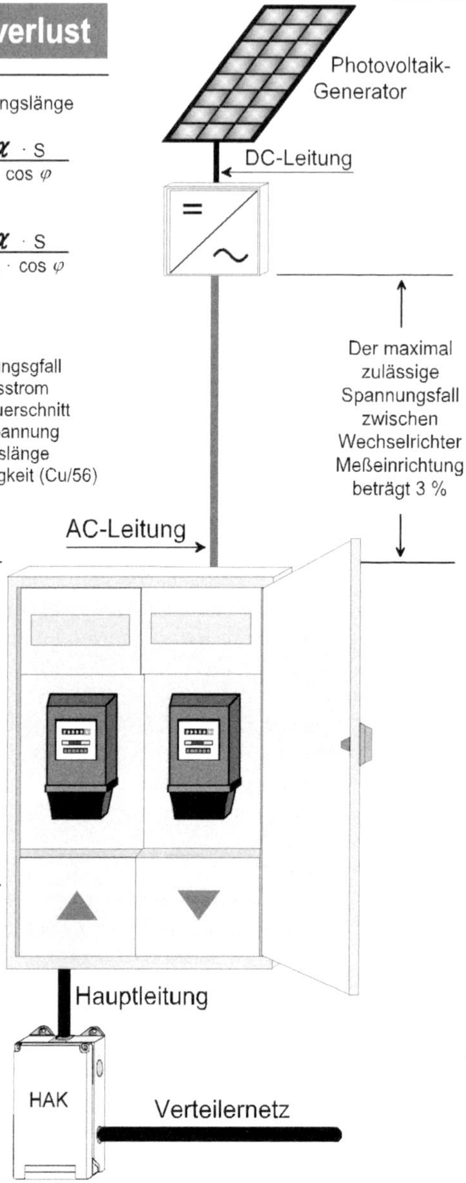

Hauptleitung

Leistungsbedarf	max. zulässiger Spannungsfall nach AVBEltV
bis 100 kVA	0,50 %
bis 250 kVA	1,00 %
bis 400 kVA	1,25 %
über 400 kVA	1,50 %

Bild 3.7.5

Verlegeart A1

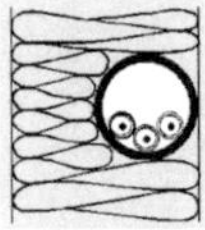

Aderleitungen im Elektroinstallationsrohr in einer wärmegedämmten Wand

mm^2 Cu	Wechselstrom	Drehstrom
1,5	16	13
2,5	20	16
4	25	25
6	35	32
10	40	40
16	63	50
25	80	63
35	100	80

Verlegeart A2

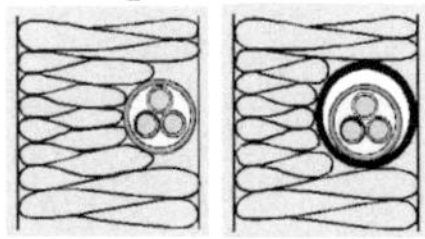

Mehradriges Kabel oder Mantelleitung im Elektroinstallationsrohr oder direkt in einer wärmegedämmten Wand.

mm^2 Cu	Wechselstrom	Drehstrom
1,5	16	13
2,5	16	16
4	25	20
6	32	25
10	40	40
16	50	50
25	80	63
35	80	80

Verlegeart B1

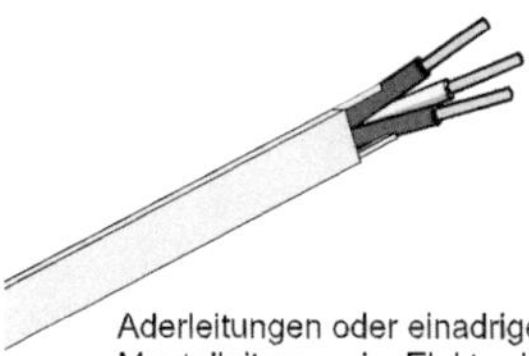

Aderleitungen oder einadrige Kabel oder Mantelleitungen im Elektro-Installationskanal

mm^2 Cu	Wechselstrom	Drehstrom
1,5	16	16
2,5	25	20
4	32	25
6	40	35
10	50	50
16	80	63
25	100	80
35	125	100

Verlegeart B2

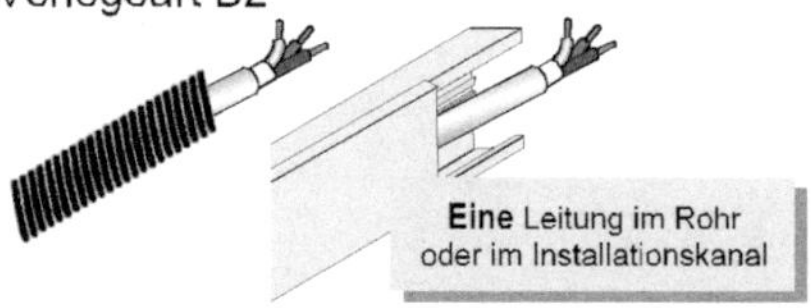

Mehradriges Kabel oder Mantelleitung im Elektro-Installationsrohr oder im Elektro-Installationskanal

mm^2 Cu	Wechselstrom	Drehstrom
1,5	16	16
2,5	20	20
4	32	25
6	40	35
10	50	50
16	63	63
25	80	80
35	100	100

Bemessungsstrom (in Ampere) von Leitungsschutzschaltern und Leitungsschutzsicherungen Typ B/C/gG unter Berücksichtigung der Leiterquerschnittsfläche

Bild 3.7.6

Verlegeart C

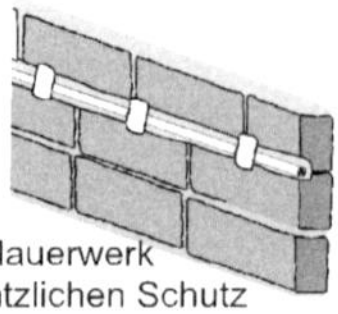

Ein- oder mehradriges Kabel oder Mantelleitung direkt im Mauerwerk oder Beton ohne und mit zusätzlichen Schutz

mm^2 Cu	Wechselstrom	Drehstrom
1,5	20	16
2,5	25	25
4	35	32
6	40	40
10	63	50
16	80	80
25	100	100
35	125	125

Verlegeart E

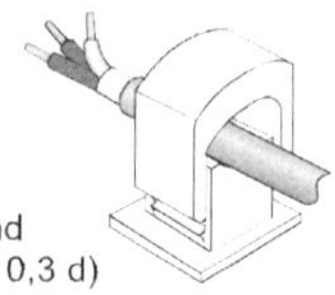

Ein- oder mehradriges Kabel oder Mantelleitung mit Abstand von einer Wand (Abstand = > 0,3 d)

mm^2 Cu	Wechselstrom	Drehstrom
1,5	20	16
2,5	32	25
4	35	35
6	50	40
10	63	63
16	100	80
25	125	100
35	125	125

Bemessungsstrom (in Ampere) von Leitungsschutzschaltern und Leitungsschutzsicherungen Typ B/C/gG unter Berücksichtigung der Leiterquerschnittsfläche

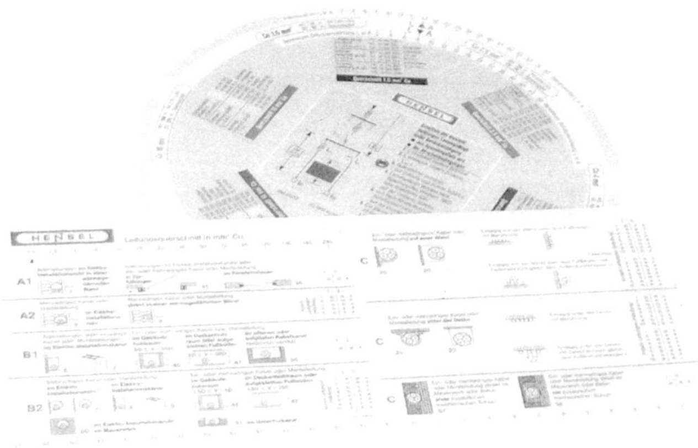

Zum Ermitteln der maximal zulässigen Leitungslänge unter Berücksichtigung des Spannungsfalls und der Abschaltbedingungen sowie zum Ermitteln von Kabel- und Leiterquerschnitten sowie dem Nennstrom der Überstrom-Schutzeinrichtungen bietet die Firma HENSEL mit dem Datenschieber Leitungsschutz und der Datendrehscheibe Personenschutz wertvolle Hilfsmittel für den Elektropraktiker, mit denen mehrere 1000 unterschiedliche Werte bestimmt werden können.

3.8 Modulanschlusstechnik

Die Verschaltung der Module und der sonstigen Gleichstromleitungen sollte sorgfältig vorgenommen werden. Schlechte Kontakte können zum Entstehen von stehenden Lichtbögen und deswegen zu erhöhtem Brandrisiko führen. In der Regel werden Anschlusstechniken der Hersteller Tyco, Multi-Contakt, Huber + Suhner sowie Hirschmann eingesetzt, die eine besonders schnelle Modulverschaltung ermöglichen.

Um die Modulinstallation zu erleichtern ist die Steckkontakt-Technik zum Standard geworden. Aus diesem Grund wird die überwiegende Anzahl der Module werkseitig mit berührungssicheren Steckverbindern gefertigt (Bild 3.8.1). Steckverbindungen besitzen Übergangswiderstände von < 5 Milliohm, so dass sich bei einem Strom von zum Beispiel 5 Ampere nur ein sehr geringer Spannungsfall von < 0,025 Volt ergibt.

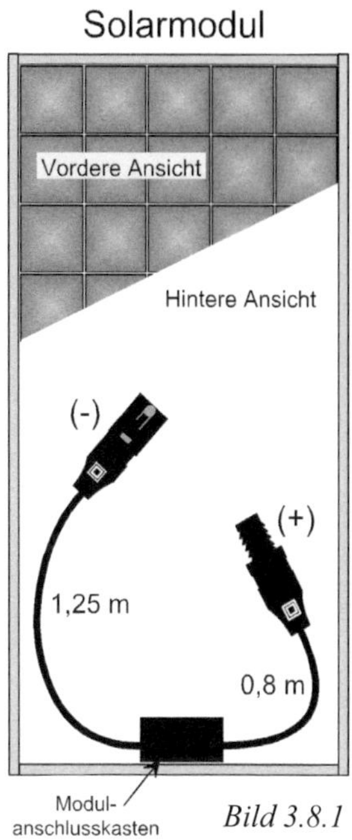

Bild 3.8.1

Bei Solarmodulen ohne Anschlussleitungen müssen für die elektrische Verschaltung zuerst Zeit aufwändig die Anschlussdosen geöffnet werden. Entsprechend den Herstellerangaben sind eventuell Kabelverschraubungen anzubringen. Die Verschaltung erfolgt mit einadriger Solarleitung. Für Module bis 4 Ampere Kurzschlussstrom wird ein Leiterquerschnitt von 2,5 mm^2 empfohlen, bei größerem Kurzschlussstrom sollte ein Leiter mit einer Querschnittsfläche von 4 mm^2 zum Einsatz kommen.

Die Verbindungskabel zwischen den Modulen können in der entsprechenden Anzahl mit den erforderlichen Leitungslängen vorkonfektioniert werden. Innerhalb einer Gruppe werden die Module in Reihe geschaltet. Der Pluspol eines Moduls wird mit dem Minuspol des nächsten Moduls verbunden. Die Leitungsführung sollte so erfolgen, dass Plus- und Minusleitung direkt nebeneinander liegen. Um zu große Leiterschleifen zu vermeiden, die bei Blitznaheinschlägen zu höheren induktiven Spannungseinkopplungen führen, müssen auch bei einer „geschickten" Modulanordnung die werkseitig angebrachten Modulanschlussleitungen gekürzt werden, so dass die Leiterschleifen ein für den Überspannungsschutz „akzeptables" Maß erreichen (Bild 3.8.2).

Im Normalfall sind die Längen der herstellerseitig an den Modulen angebrachten Leitungen so ausgelegt, dass eine Reihenschaltung der Module bei waagrecht und auch bei senkrecht verlaufender Anordnung der Solarmodule möglich ist.

Die beiden Anschlussleitungen einer Modulgruppe werden je nach Bedarf abgeschnitten oder mit Leitungen, an denen zum Beispiel MC-Steckverbindungen angebracht sind, verlängert. Darüber hinaus ist unter Verwendung von Y-Steckern die Parallelschaltung von zwei oder auch mehreren in Serie geschalteter Modulgruppen möglich (Bild 3.8.4). Entsprechend der Verschaltung führen die Anschlussleitungen entweder zu einer anderen Modulgruppe oder zum Wechselrichter.
Nach der vollständigen Verkabelung der Gruppe sollte die Funktionsprüfung durchgeführt werden. An den Anschlussleitungen der Gruppe werden die Leerlaufspannung und der Kurzschlussstrom gemessen. Die Leerlaufspannung entspricht in etwa dem im Moduldatenblatt angegebenen Wert multipliziert mit der Anzahl der in Reihe geschalteten Module. Der Kurzschlussstrom stellt sich entsprechend der Bestrahlung ein. Bei bewölktem Himmel werden etwa 10 % bis 20 % des im Datenblatt angegebenen Maximalwerts erreicht. Diese Prüfung wird bei allen Modulgruppen durchgeführt, um Verdrahtungsfehler rechtzeitig zu erkennen. Fehler, die erst nach der Endmontage festgestellt werden, verursachen einen erheblichen Aufwand bei der Fehlerbehebung, da gegebenenfalls die betroffene Modulgruppe demontiert und nach der Fehlerbeseitigung wieder montiert werden muss.
Das Bild 3.8.2 zeigt die blitzschutzgerechte Verkabelung einer Modulgruppe bei der alle herstellerseitig angebrachten Modulanschlussleitungen gekürzt wurden und auf dem Bild 3.8.3 ist die praxisübliche Verkabelung einer Modulgruppe mit zwölf in Reihe geschalteten Solarmodulen zu sehen.

Bild 3.8.2

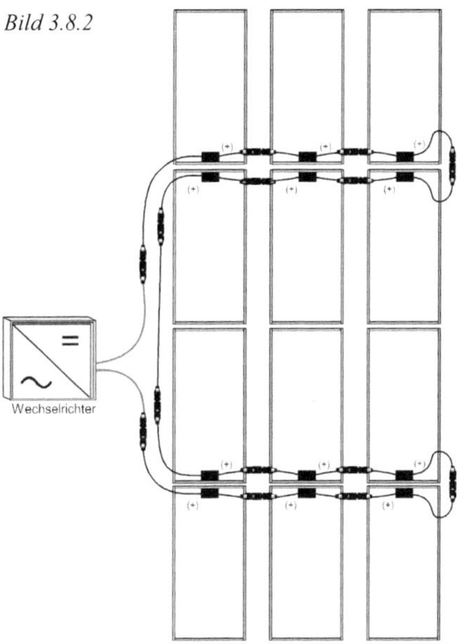

Bild 3.8.3

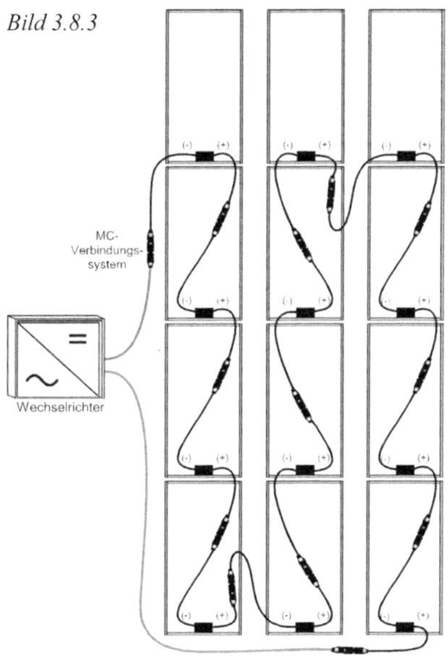

Bild 3.8.4

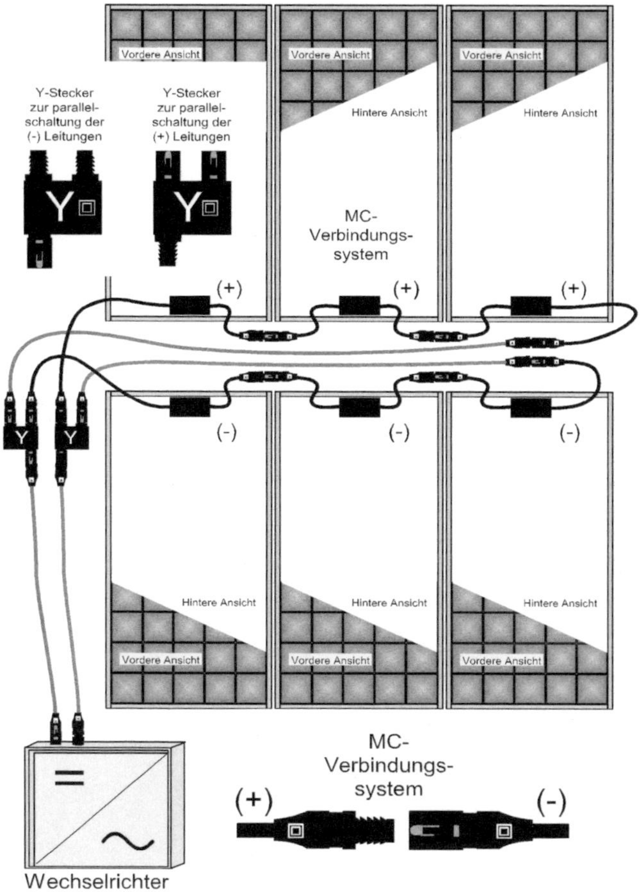
Vordere Ansicht
Vordere Ansicht
Vordere Ansicht
Y-Stecker zur parallel-schaltung der (-) Leitungen
Y-Stecker zur parallel-schaltung der (+) Leitungen
Hintere Ansicht
Hintere Ansicht
MC-Verbindungs-system
(+)
(+)
(+)
(-)
(-)
(-)
Hintere Ansicht
Hintere Ansicht
Hintere Ansicht
Vordere Ansicht
Vordere Ansicht
Vordere Ansicht
MC-Verbindungs-system
(+)
(-)
Wechselrichter

3.9 Modulverschattung

Verschattungen durch Gebäude, Dachgauben (Bild 3.9.1), Bäume, Blätter, Freileitungen, Antennen, Schnee, Eis usw. können erhebliche Ertragsminderungen verursachen. Eine Verschattung des Photovoltaikgenerators hat großen Einfluss auf seine Leistung und damit auf den Energieertrag der Anlage. Es genügen kleine Schatten auf einzelne Zellen eines Moduls, um die Leistung eines ganzen Stranges zu reduzieren. Bei der Verschattung von nur einem Solarmodul, sinkt die Stromstärke und damit die Leistung im gesamten Strang. Dies wirkt sich bei einer großen Zahl in Reihe geschalteter Module entsprechend stärker aus. Aus diesem Grund muss bei der Festlegung des Montageorts neben der Ausrichtung vor allem die Verschattung und eventuell die Aufteilung des Photovoltaikgenerators in separate Modulstränge berücksichtigt werden. Bei stark verschatteten Standorten kann der Ertrag so gering sein, dass die Errichtung einer Photovoltaikanlage unwirtschaftlich ist und nur hohe Kosten verursacht. Verschattungen treten überwiegend bei flach stehender Sonne morgens und abends sowie im Winter auf. Verschattungen am Morgen und am Abend mindern den Ertrag weniger, da während dieser Zeit die Sonneneinstrahlung relativ gering ist. Dem hingegen sind nahe Schatten vor allem in der Mittagszeit besonders kritisch. Verschattungen lassen sich in folgende Arten einteilen:

Bild 3.9.1

- **Temporäre Verschattung**
- **Eigenbedingte Verschattung**
- **Standortbedingte Verschattung**
- **Gebäudebedingte Verschattung**

Typische **temporäre Verschattungen** sind zum Beispiel Schnee und Laub. Ruß- und Staubverschmutzungen in Industriegebieten oder Laubeinfall in waldreichen Gebieten sind auch nicht vernachlässigbar. Die Verschmutzungen durch Schnee, Ruß und Laub sind umso geringer, je besser die sogenannte Selbstreinigung des Photovoltaikgenerators funktioniert. Bei der Selbstreinigung lösen sich Verschmutzungen durch abfließendes Regenwasser. Ab einem Neigungswinkel von ca. 15° ist die Selbstreinigung meist ausreichend.

Bei Photovoltaikgeneratoren mit einem größeren Neigungswinkel oder zum Beispiel mit einer ertragsoptimierten Neigung von 30° findet eine Selbstreinigung statt, die Ertragseinbußen durch temporäre Verschattungen auf sehr geringe Werte reduziert.

Bild 3.9.2

Verschattung durch Schnee tritt in unseren Breiten überall auf. Die durchschnittliche Anzahl der Tage mit geschlossener Schneedecke liegt je nach Gebiet und geographischer Lage bei etwa 30 bis 50 Tagen im Jahr. Der Schnee auf einem Photovoltaikgenerator taut in der Regel schneller ab, als der Schnee in seiner näheren Umgebung, so dass nur an verhältnismäßig wenigen Tagen eine Verschattung auftritt. Das Bild 3.9.2 enthält die Schneelastzonen für Deutschland. In den Gebieten mit der größten Schneelast, sind auch die meisten Tage mit geschlossener Schneedecke zu erwarten. In schneereichen Gegenden können die Ertragsverluste als Folge einer Schneeverschattung, durch eine waagerechte Anordnung der Solarmodule minimiert werden. Bei der senkrechten Anordnung der Solarmodule wirkt sich die Verschattung in der Regel auf alle Zellen im Solarmodul aus (Bild 3.9.3). Photovoltaikgeneratoren, die durch Ruß und andere Luftverschmutzungen stark betroffen sind, sollten regelmäßig gereinigt werden, um den Ertrag zu steigern bzw. zu erhalten. Die Module sollten ohne Verwendung von Putzmittel nur mit dem Wasserschlauch und eventuell mit einem Schwamm gereinigt werden. Bei ausreichender Neigung der Solarmodule und in Standorten mit geringer Luftverschmutzung, wie zum Beispiel Gegenden in denen nicht sehr viel Holz verheizt wird, betragen die Verluste als Folge einer Generatorverschmutzung nur wenige Prozent.

Bild 3.9.3

Bild 3.9.4

Zur **eigenbedingten Verschattung** der Solarmodule kommt es zum Beispiel bei aufgeständerten Photovoltaik-Generatoren, wenn die Abstände zwischen den Solarmodulreihen zu gering sind (Bild 3.9.4).
Geeignete Abstände der Solarmodulreihen mit angepasstem Neigungswinkel, ermöglichen auf der zur Verfügung stehenden Fläche, bei minimierten Verschattungsverlusten, einen optimalen Ertrag der Photovoltaikanlage. Eigenbedingte Verschattungen zählen häufig zu den Nahverschattungen, die hohe Energieverluste verursachen können. Mit abnehmender Entfernung des schattenwerfenden Objekts verdunkelt sich der Schatten und weniger diffuses Licht trifft auf die Solarmodule. Der sogenannte Kernschatten eines nahen Objektes kann die eingestrahlte Energie um maximal 80 % reduzieren. Bei weiter entfernten schattenwerfenden Objekten ist der Schatten heller und die Verschattungsverluste können sich um mehr als 50 % verringern.
Aufgeständerte Photovoltaikgeneratoren werden auf ebenen Flächen, wie zum Beispiel Flachdächer, Dächer mit geringer Neigung (Bild 3.9.4) oder Freiflächen errichtet. Der im Jahresdurchschnitt höchste Energieertrag wird bei einer Neigung von 30° erreicht. Horizontal angebrachte Solarmodule würden den maximal möglichen jährlichen Energieertrag, um mehr als 10 % reduzieren und müssten wegen der Verschmutzungsverluste häufiger gereinigt werden. Die Ausnutzung der zur Verfügung stehenden Fläche, wird mit dem Flächennutzungsgrad f angegeben. Der Flächennutzungsgrad ergibt sich aus dem Verhältnis der Modulbreite zum Modulreihenabstand.

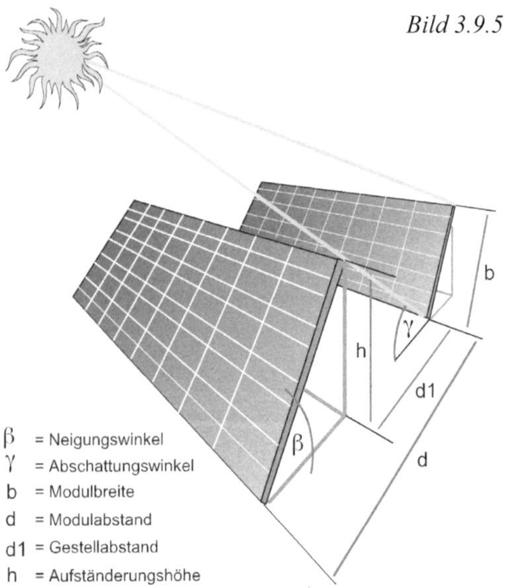

Bild 3.9.5

$$f = \frac{b}{d}$$

Der Flächennutzungsgrad kann theoretisch zwischen 0 % und 100 % liegen. Eine hundertprozentige Ausnutzung der Fläche hätte eine hohe eigenbedingte bzw. gegenseitige Verschattung der Modulreihen zur Folge. Bei geringerem Neigungswinkel β (Bild 3.9.5) wird die Verschattung geringer, so dass die Fläche besser ausgenutzt werden kann. Aufgrund des geringeren Neigungswinkels sinkt der jährliche Energieertrag. Deswegen sollte ein Neigungswinkel von 30° und eine Flächenausnutzung von ca. 35 % bevorzugt werden. In Abhängigkeit von der Modulbreite und dem Neigungswinkel der Module sowie dem Verschattungswinkel ergibt sich der Abstand zwischen den Modulreihen.

$$d = b \times \frac{\sin(180° - \beta - \gamma)}{\sin \gamma}$$

Als Verschattungswinkel (γ) sollte der Zenitwinkel der Sonne im Winter (ca.15°) gewählt werden. Zur Minimierung der Verschattungsverluste eines aufgeständerten Photovoltaikgenerators gelten in Deutschland bei einem Modulneigungswinkel (β) von 30° zwei grobe Richtwerte, die sich aus folgenden Formeln ergeben:

Verlustminimierung:

Abstand, d1 = 6 x h

Optimierte Flächenausnutzung:

Abstand, d = 3 x b

Bei aufgeständerten Modulen mit einem Neigungswinkel von 30° sollte der Flächennutzungsgrad bei etwa 35 % liegen.

Standortbedingte Verschattungen werden durch Objekte verursacht, die sich in der näheren Umgebung des Gebäudes befinden. Dazu zählen Gebäude in der Nachbarschaft, Bäume sowie weiter entfernte hohe Gebäude, wie zum Beispiel Fernmeldetürme und Hochhäuser, die den Photovoltaikgenerator verschatten können. Zu beachten ist, dass Bäume und Sträucher oft sehr schnell wachsen (bis zu 4 Meter pro Jahr), so dass erst nach einer gewissen Zeit die Verschattung der Photovoltaikanlage eintrifft.

Bild 3.9.6

Gebäudebedingte Verschattungen sind nahe Schatten, die zum Beispiel von den Dachaufbauten des Gebäudes (Blitzfangstangen (Bild 3.9.6), Schornsteine, Antennen, Dachgauben usw.) verursacht werden, an dem der Photovoltaikgenerator angebracht ist. Diese Verschattungen sind aufgrund ihrer geringen Entfernung zum Generator sehr problematisch und können entweder durch eine dementsprechende Anbringung des Photovoltaik-Generators oder durch das Versetzen bzw. Entfernen des Objektes, das die Verschattung verursacht, vermieden werden. Zum Beispiel sollte eine nicht mehr benötigte terrestrische Antenne oder ein nicht mehr erforderlicher Freileitungsdachständer nicht nur wegen der Verschattung des Photovoltaikgenerators, sondern auch wegen des erhöhten Risikos eines Blitzeinschlags herunter vom Dach. Darüber hinaus kann die Wirkung der gebäudebedingten Verschattung durch geeignete Anlagenkonzepte mit dementsprechenden Modulverschaltungen minimiert werden.

Bei der künstlerischen Solartechnik, die vor dem Landratsamt Cham unter dem Motto Energie in Scheiben errichtet wurde, stand die eigenbedingte Verschattung, verursacht durch die Tragekonstruktion und die Abspannseile (Bild 3.9.7), im Hintergrund der Überlegungen. Die Photovoltaikanlage entstand im Rahmen der Aktion „Sonne im Rathaus". Ihren künstlerischen Aspekt erhielt die drei-kW-Photovoltaikanlage durch ihre außergewöhnliche architektonische Gestaltung der 60 Solarmodule in Form einer Sonnenscheibe. Mit dem 50-Millionen - Euro - Programm „Energiezukunft Bayern", das auch die Förderung des Solarstroms mit dem Projekt „Sonne im Rathaus" umfasste, haben außergewöhnliche Künstler moderne Technologie mit moderner Kunst verbunden, die zudem das Landratsamt mit Strom versorgt. Durch solche Projekte, die das Angenehme mit dem Nützlichen verbinden, hat die Solarenergie bereits im zwanzigsten Jahrhundert wichtige Impulse erhalten.

Bild 3.9.7

3.10 Der Gleichstrom-Hauptschalter

Der Gleichstrom-Hauptschalter wird benötigt, um vor Wartungs- und Reparaturarbeiten sowie im Fehlerfall den Wechselrichter vom Photovoltaikgenerator zu trennen. Dabei müssen sowohl der Minus- als auch der Pluspol vom Photovoltaikgenerator getrennt sein. Das erforderliche Schaltvermögen des Gleichstrom-Hauptschalters ergibt sich aus der Leerlaufspannung und dem Kurzschlussstrom des Photovoltaikgenerators. Der Gleichstrom-Hauptschalter muss auf die maximale Leerlaufspannung des Photovoltaikgenerators bei –10 °Celsius sowie auf den maximalen Generator-Kurzschlussstrom bei STC ausgelegt sein. Bei der Auswahl eines geeigneten Gleichstrom-Hauptschalters ist zu berücksichtigen, dass der Schalter keine 50 Hz Wechselströme, sondern Gleichströme schalten muss. Obwohl der Gleichstrom-Hauptschalter häufig im Generatoranschlusskasten untergebracht wird, ist aus sicherheitstechnischen Gründen eine Anbringung direkt vor dem Wechselrichter zu empfehlen. Im Normalfall werden die Gleichstromleitungen über Reihenklemmen oder direkt am Gleichstrom-Hauptschalter angeschlossen. Bei zu großen Leiterquerschnitten müssen zusätzliche Eingangsklemmen montiert werden, die durch Parallelschaltung den Übergang auf einen kleineren Querschnitt ermöglichen. Für die Verbindung von den Parallelklemmen zum Gleichstrom-Hauptschalter wird in der Regel der maximale Leiterquerschnitt verwendet, der an den Klemmen des Gleichstrom-Hauptschalters anschließbar ist. Das gilt auch für die Verbindung vom Gleichstrom-Hauptschalter zum Wechselrichter. Zu beachten ist, dass die verjüngten Leiterquerschnitte eine ausreichende Strombelastbarkeit aufweisen und sehr kurz sein müssen, damit nur geringe Leitungsverluste auftreten. Berührungssichere Steckverbindungen an Wechselrichtern dürfen nur zur Trennung des Photovoltaikgenerators vom Wechselrichter verwendet werden wenn keine Last vorhanden ist. Sobald es hell ist und die Sonneneinstrahlung ausreicht, steht der Photovoltaikgenerator unter Last und liefert Energie. Beim Abziehen der berührungssicheren Steckverbindung vom Wechselrichter unter Last kann ein Lichtbogen entstehen, der ein hohes Brandrisiko darstellt. Im Handel sind Wechselrichter mit integriertem Gleichstrom-Hauptschalter erhältlich, die eine Entstehung von Lichtbögen mit ihrer speziellen Elektronik verhindern. Ein separater Gleichstrom-Hauptschalter kann durch den Einsatz eines Wechselrichters mit integriertem Gleichstrom-Hauptschalter entfallen. Das Bild 3.10.1 zeigt einen zweipoligen Gleichstrom-Hauptschalter, Fa. Santon (DC 21 A, 1000 V), eingebaut in ein Gehäuse mit der Schutzklasse IP65, mit Flachsteckern, berührungssicher verdrahtet auf 6 mm^2 Federzugklemmen. Geeignet für 3 Stränge als Eingang sowie einmal Plus und Minus als Ausgang zum Wechselrichter.

Bild 3.10.1

3.11 Generatoranschlusskasten und Modulkoppler

Für viele Standardanlagen sind im Solarhandel Generatoranschlusskästen als fertige Systemkomponenten erhältlich. Für die Außenmontage sollte der Kasten in Schutzklasse II (schutzisoliert) und mindestens in Schutzart (Bild 3.11.1) IP 54 oder besser IP 65 ausgeführt sein. Darüber hinaus empfiehlt es sich den Installationsort so zu wählen, dass der Anschlusskasten vor Regen und direkter Sonneneinstrahlung geschützt ist. Bei der Auswahl muss auf eine ausreichende Anzahl der Anschlüsse für die Solarmodulstränge geachtet werden. Zu beachten ist, dass der Generatoranschlusskasten wegen möglicher späterer Wartungsarbeiten jederzeit gut zugänglich sein sollte. Anschlusskästen mit Federzugklemmen oder mit anderen Klemmsystemen, die keine Adernendhülsen erfordern, erleichtern die Installation.
Bei Standardmodulen mit Kurzschlussströmen von 3 Ampere werden üblicherweise 4 Ampere Sicherungen eingesetzt. Allerdings haben gängige Module, die in Photovoltaikanlagen zur Netzeinspeisung zur Anwendung kommen, meist einen höheren Kurzschlussstrom, der zwischen 4 bis 18 Ampere liegt. Aus diesem Grund kommen dementsprechend höhere und für den Modulstrang passende Strangsicherungen zum Einsatz. Die Sicherungen müssen für den Gleichstrombetrieb und vor allem für die eventuell hohe Strangspannung ausgelegt sein. Als Strangsicherungen kommen meist Geräteschutzsicherungen zum Einsatz, mit denen der Plusleiter und der Minusleiter beschaltet wird. Diese Sicherungen können entfallen, wenn die Strangleitungen auf den max. Kurzschlussstrom des Photovoltaikgenerators, abzüglich des Stroms eines Modulstrangs, ausgelegt sind. Der maximale Modulkurzschlussstrom ist im Datenblatt des Modulherstellers aufgeführt. Bei einer Parallelschaltung mehrerer Module addieren sich die Kurzschlussströme zum Generatorkurzschlussstrom, der nicht wesentlich höher als sein Nennstrom ist. Da weder die Solarmodule noch der Solargenerator im Kurzschlussfall Schaden nehmen, können Strangsicherungen im Generatoranschlusskasten unter den zuvor genannten Bedingungen eventuell entfallen. Zum Schutz der einzelnen Stränge gegen zu hohe Ströme im Fehler- oder Verschattungsfall sind in der Regel erst ab 5 parallelen Strängen Gerätesicherungen notwendig.
Strangdioden zur Entkopplung parallel geschalteter Stränge werden nur noch bei stark verschatteten Anlagen mit zentralem Wechselrichter oder bei Verwendung von nicht schutzisolierten Photovoltaikmodulen eingesetzt, wenn die zum Einsatz kommenden Module keine ausreichende Rückstromfestigkeit besitzen. Die Dioden werden in dem Generatoranschlusskasten unter Beachtung der Ableitung ihrer Betriebswärme meist mit Kühlkörper integriert. Strangdioden können zum Plusleiter eines jeden Solarmodulstrangs in Reihe geschaltet werden. Tritt in einem oder in mehreren Strängen eine Verschattung oder ein Kurzschluss auf, so können die nicht betroffenen Modulstränge weiter arbeiten ohne dass ein Rückstrom durch den gestörten bzw.

Bild 3.11.1

1. Ziffer: Berührungs- und Fremdkörperschutz — **2. Ziffer: Wasserschutz** — *IP - Schutzklassen* (International Protection) Nach DIN VDE 0470

	1. Ziffer	Berührungs- und Fremdkörperschutz	2. Ziffer	Wasserschutz
IP	0X	nicht geschützt	X0	nicht geschützt
IP	1X	geschützt gegen große Fremdkörper mit einem Durchmesser größer/gleich 50 mm	X1	geschützt gegen senkrecht fallendes Tropfwasser
IP	2X	geschützt gegen mittelgroße Fremdkörper mit einem Durchmesser größer/gleich 12,5 mm	X2	geschützt gegen Tropfwasser auf Betriebsmittel mit Neigung bis 15°
IP	3X	geschützt gegen kleine Fremdkörper mit einem Durchmesser größer/gleich 2,5 mm	X3	geschützt gegen Sprühwasser mit einem Einfallwinkel bis zu 60°
IP	4X	geschützt gegen kornförmige Fremdkörper größer/gleich 1 mm	X4	geschützt gegen Spritzwasser
IP	5X	geschützt gegen Staubablagerungen	X5	geschützt gegen Strahlwasser
IP	6X	geschützt gegen Staubeintritt	X6	geschützt gegen starkes Strahlwasser
		IP	X7	geschützt gegen zeitweiliges Untertauchen (15 cm, 100 cm)
		IP	X8 ..bar	geschützt gegen dauerndes Untertauchen

Kennzeichnung durch nachgestellte Zusatzbuchstaben:

1. Buchstabe:
- A Schutz gegen berühren mit dem Handrücken
- B Schutz gegen Zugang mit dem Finger
- C Geschützt gegen Zugang mit Werkzeugen
- D Geschützt gegen Zugang mit Draht

2. Buchstabe:
- H Betriebsmittel für Hochspannung
- M Geprüft auf Wassereintritt bei laufender Maschine
- S Geprüft auf Wassereintritt bei stehender Maschine
- W Geeignet für festgelegte Witterungsbedingungen

verschatteten Strang fließt. Zu beachten ist, dass beim Einsatz von Strangdioden deren Sperrspannung auf die doppelte STC-Leerlaufspannung des zu beschaltenden Photovoltaikstranges ausgelegt sein muss.
Umfangreiche Tests ergaben, dass handelsübliche Solarmodule einen Rückstrom in Höhe des mehrfachen Modulkurzschlussstroms überstehen, ohne Schaden zu nehmen. Deshalb werden heute viele Photovoltaikanlagen ohne Strangdioden gebaut. Strangdioden sind bei normalem Anlagenbetrieb in Durchlassrichtung geschaltet. Aus diesem Grund fließt der gesamte Strangstrom durch die Diode. Die Folge dieses Stromflusses sind Verlustleistungen bis zu 2 %, die vom Spannungsfall an den Strangdioden verursacht werden (0,5 bis 1 Volt). Daher ist der Energieertrag einer Photovoltaikanlage mit Strangdioden geringer. Darüber hinaus werden defekte Strangdioden und der damit verbundene Ausfall eines Solarmodulstranges eventuell erst sehr spät bemerkt, so dass bis zum Erkennen und Beseitigen des Fehlers hohe Ertragsverluste entstehen können.
Bei dem Einsatz schutzisolierter Solarmodule gleichen Typs und zulässigem halben Nennkurzschlussstrom in Verbraucherrichtung, sowie einer Abweichung der Leerlaufspannungen zwischen den einzelnen Solarmodulsträngen bis maximal 5 % können die Strangdioden entfallen. Der Gleichstrom-Hauptschalter kann unter bestimmten Voraussetzungen auch im Generatoranschlusskasten eingebaut werden. Sinnvoll ist der separate Gleichstrom-Hauptschalter vor allem dann, wenn er zum Beispiel in Anlagen mit Zentralwechselrichter direkt vor den Wechselrichtern zum Einsatz kommt. So wird ein versehentliches Einschalten durch eine andere Person, wenn Wartungsarbeiten am Wechselrichter durchgeführt werden, weitgehend verhindert. Außerdem kann der Gleichstrom-Hauptschalter (wenn vorhanden) die Gleichstrom-Hauptstromleitung abschalten. Nach der VDE 0100 Teil 712 „Elektrische Anlagen von Gebäuden „PV-Anlagen" wird eine zugängliche Lastschalteinrichtung zwischen Photovoltaikgenerator und Wechselrichter – mit Überspannungsableitern – gefordert. Der zweipolige Gleichstrom-Hauptschalter wird auf die maximale Leerlaufspannung des Solargenerators bei –10 °C und auf das 1,25fache des maximalen Generatorkurzschlussstroms ausgelegt. Bei der Auswahl des Schalters sollte berücksichtigt werden, dass der Schalter das Schaltvermögen für Gleichstrom besitzt.
Der Generatoranschlusskasten kann auch aus Standardteilen bestehen, die in ein schutzisoliertes Gehäuse eingebaut werden. Zum Aufbau der Schaltung können auf Hutprofilschienen befestigte Reihenklemmen zur Anwendung kommen. Die Plus- und Minusseite muss konsequent getrennt und erd- sowie kurzschlusssicher ausgeführt sein. Bei größeren Anlagen werden häufig mehrere Anschlusskästen bzw. Modulkoppler erforderlich. Die Überspannungsableiter (Varistoren) sind meist in den Strang-, Multistrang- und Zentralwechselrichtern integriert.
Das Bild 3.11.2 zeigt einen Generatoranschlusskasten mit fünf über Reihentrennklemmen parallel geschalteten Solarmodulsträngen, die über einen Gleichstrom-Hauptschalter mit der Gleichstrom-Hauptleitung verbunden sind. Zu beachten ist, dass Klemmen mit ausreichendem Berührungsschutz (Bild 3.11.1) zum Einsatz

kommen. Da sich die Ströme der parallel geschalteten Stränge summieren und die Gleichstrom-Hauptleitung eine lange Leitung sein kann, muss wegen des maximal zulässigen Spannungsfalls ein dementsprechend hoher Leiterquerschnitt für die Hauptleitung gewählt werden (siehe 3.7 Dimensionierung der AC- und DC-Leitungen).

Bild 3.11.2

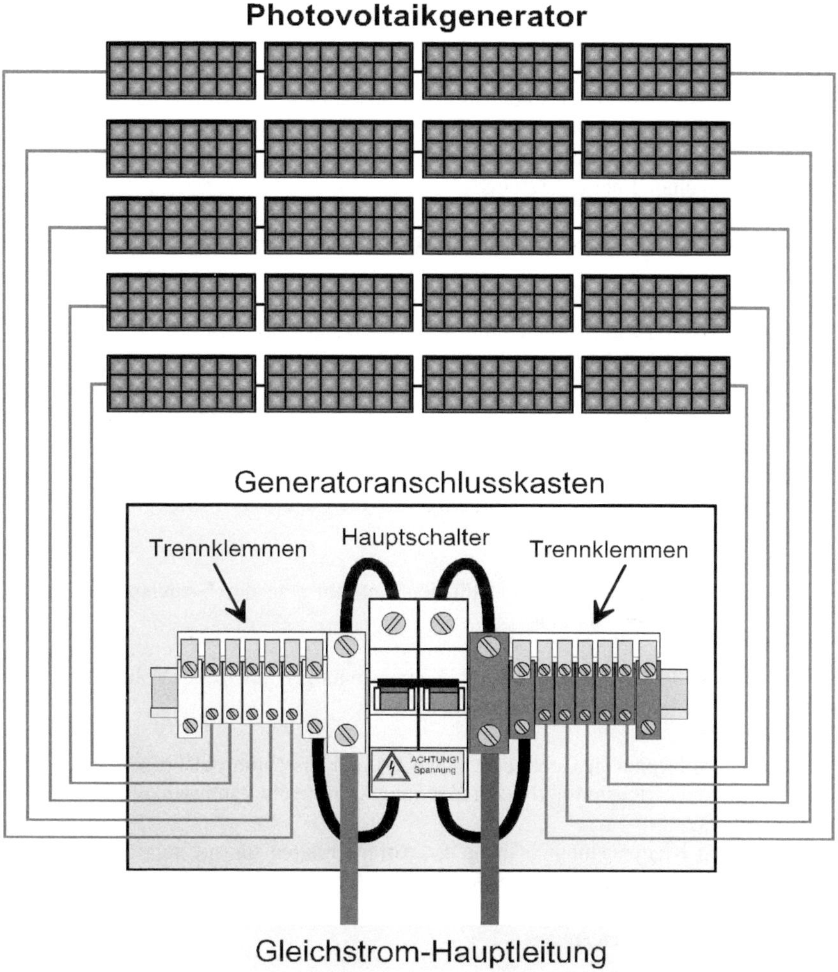

3.12 Normen, Regelwerke und baurechtliche Vorschriften

Die elektrotechnischen Normen für die Komponenten von Photovoltaikanlagen, die Bauartzulassung sowie die Zertifizierung und Prüfung von Photovoltaik-Modulen bzw. Wechselrichtern usw. werden vom Deutschen Institut für Normung (DIN) veröffentlicht. Die Normungsarbeit vom DIN und VDE (Verband der Elektrotechnik usw.) wird auf dem Gebiet der Photovoltaik in Deutschland durch das Normungskomitee der Deutschen Elektrotechnischen Kommission (DKE) K373 „Photovoltaische Solarenergie-Systeme“ koordiniert und wahrgenommen. Die weltweite Normung erfolgt durch die Internationale Elektrotechnische Kommission (IEC). Der zuständige Ausschuss für die Photovoltaik ist innerhalb des IEC das technische Komitee TC 82 „Solar Photovoltaic Energy Systems“.

Zu den wichtigsten Regelwerken für die Errichtung von Photovoltaikanlagen zählen:
Alle maßgebenden VDE-Normen, insbesondere die vielen Normen der VDE 0100 „Errichten von Starkstromanlagen mit Nennspannungen bis 1 kV“.
VDEW- bzw. VDN-Richtlinien
für den Anschluss und Parallelbetrieb von Eigenerzeugungsanlagen am Niederspannungsnetz und Merkblätter zu der VDEW-Richtlinie Eigenerzeugungsanlagen am Niederspannungsnetz.
AVBEltV
Verordnung über Allgemeine Bedingungen für die Elektrizitätsversorgung von Tarifkunden.
TAB 2000
Technische Anschlussbedingungen für den Anschluss an das Niederspannungsnetz, in der jeweils gültigen Fassung.
VDE 0100-410
Errichten von Starkstromanlagen mit Nennspannungen bis 1000 Volt Schutzmaßnahmen; Schutz gegen elektrischen Schlag
VDE 0100-551
Elektrische Anlagen von Gebäuden. Auswahl und Errichtung elektrischer Betriebsmittel; Andere Betriebsmittel; Niederspannungs-Stromversorgungsanlagen.
VDE 0100-712
Errichten von Niederspannungsanlagen, „Anforderungen für spezielle Anlagen und Räume Photovoltaik-Versorgungssysteme“.
VDE 0105-100
Betrieb von elektrischen Anlagen
VDE 0126-4-1
Messen der photovoltaischen Strom-/Spannungskennlinien

VDE 0126-20
vom Dezember 2005 (EN 62093:2005). Diese neue Norm legt Anforderungen an die Bauarteignung von terrestrischen Abgleichkomponenten für Photovoltaiksysteme fest, die für den Betrieb entweder in klimatisierten oder nicht klimatisierten Innenräumen oder geschützt oder ungeschützt im Freien in allgemeinen Freiluftklimaten nach IEC 60721 2 1 geeignet sind.
VDE 0126-30-1
Sicherheitsqualifikation von photovoltaischen Modulen, Anforderungen für den Aufbau.
VDE 0126-30-2
Sicherheitsqualifikation von photovoltaischen Modulen Anforderungen an Prüfungen.
VDE 0298
Verwendung von Kabeln und isolierten Leitungen für Starkstromanlagen.
DIN EN 61000-3-2
Elektromagnetische Verträglichkeit (EMV) Teil 3-2: Grenzwerte. Grenzwerte für Oberschwingungsströme (Geräte-Eingangsstrom bis einschließlich 16 A je Leiter).
DIN EN 61000-3-3
Elektromagnetische Verträglichkeit (EMV) Grenzwerte. Grenzwerte für Spannungsschwankungen und Flicker in Niederspannungsnetzen.
DIN EN 61000-3-11
Elektromagnetische Verträglichkeit (EMV) Grenzwerte. Begrenzung von Spannungsänderungen, Spannungsschwankungen und Flicker in öffentlichen Niederspannungs-Versorgungsnetzen-...
DIN EN 61000-3-12
Elektromagnetische Verträglichkeit (EMV) Teil 3-12: Grenzwerte. Grenzwerte für Oberschwingungsströme, verursacht von Geräten und Einrichtungen mit einem Eingangsstrom > 16 A und = < 75 A je Leiter, die zum Anschluss an öffentliche Niederspannungsnetze vorgesehen sind.

Arbeitsschutz und Unfallverhütungsvorschriften der zuständigen Berufsgenossenschaften

Baurecht:
Photovoltaikanlagen zählen im Sinne des Baurechts zu den sogenannten baulichen Anlagen. Das Baurecht stellt formellrechtliche und materiellrechtliche Anforderungen an den Photovoltaikgenerator. Die formellrechtlichen Anforderungen betreffen die Baugenehmigung und die verwendeten Bauprodukte bzw. Bauarten einschließlich Standsicherheit und Brandschutz.
Die materiellrechtlichen Anforderungen umfassen das Bauplanungsrecht, das Bauordnungsrecht und das Baunebenrecht, das Natur- und Landschaftsschutzrecht sowie das Denkmalschutzrecht.

Das Bauproduktgesetz regelt unter anderem EU-Konformität mit CE-Kennzeichnung. CE, Abkürzung für Europäische Gleichförmigkeit, ab 1.1.1995 vergebenes Warensiegel für Produkte der EU-Staaten, das die Erfüllung der Europanormen für die Marktzulassung ausweist. Alle weiteren baugesetzlichen Anforderungen regeln die jeweilige Landesbauordnung. Die Bauordnung des jeweiligen Landes legt fest, ob beim Bau einer Photovoltaikanlage eine behördliche Genehmigung erforderlich ist. Grundsätzlich kann eines der folgenden Verfahren zur Anwendung kommen:

- **Schlichte Genehmigungsfreiheit**
- **Freistellungs-, Anzeige- bzw. Kenntnisgabeverfahren**
- **Vereinfachtes Baugenehmigungsverfahren**
- **Herkömmliches Baugenehmigungsverfahren**

Bei der schlichten Genehmigungsfreiheit werden die baurechtlichen Anforderungen nicht von der Behörde überprüft. Der Bauherr bzw. der Planer und der Errichter sind für die Einhaltung der Vorschriften verantwortlich. Im Normalfall trifft dies für die Errichtung von PV-Anlagen zu.
Das Freistellungs-, Anzeige- bzw. Kenntnisgabeverfahren ist ein Sonderverfahren für Wohngebäude bis zu einer bestimmten Größenordnung und bezieht sich auf die Errichtung und auf Änderung. Somit kann für den Einbau eines Photovoltaikgenerators eines dieser Verfahren zur Anwendung kommen. Der Bauherr darf nicht mit dem Bau beginnen, sondern muss vorher ein Verfahren durchlaufen, bei dem er verschiedene Bauvorlagen und Nachweise einzureichen hat.
Bei dem vereinfachten Baugenehmigungsverfahren prüft die Behörde nicht alle rechtlichen Vorschriften, sondern nur noch einen abschließenden Katalog besonders wichtiger Regelungen. Dadurch reduziert sich nur der Prüfungsumfang und nicht der Umfang der Vorschriften, die es zu beachten gilt. Trifft keiner der zuvor bezeichneten Fälle zu, ist die Errichtung einer Photovoltaikanlage baurechtlich voll genehmigungspflichtig. Das bedeutet, dass ein herkömmliches Baugenehmigungsverfahren mit allen erforderlichen Unterlagen durchgeführt werden muss. Die Behörde prüft alle in Frage kommenden öffentlich-rechtlichen Vorschriften und bescheinigt mit der Baugenehmigung deren Einhaltung. Photovoltaikanlagen auf oder an einem denkmalgeschützten Gebäude zu errichten, bedarf einer denkmalschutzrechtlichen Erlaubnis. Dies gilt eventuell auch für eine Photovoltaikanlage die in der Nähe eines denkmalgeschützten Gebäudes (Bild 3.12.1) errichtet werden soll, Baudenkmäler stehen in der Denkmalschutzliste, die im Normalfall bei der Denkmalschutzbehörde vorliegt. Weitere Informationen zur „Genehmigung von Photovoltaikanlagen" erhalten Sie mit der gleichnamigen Broschüre, die der Solarenergieförderverein Bayern kostenlos zur Verfügung stellt.

Bild 3.12.1

3.13 Kostenlose Planungssoftware aus dem Internet

www.sma.de
Sunny Design:
Ein hervorragendes Programm für die optimale Auslegung netzgekoppelter Photovoltaikanlagen. Mit diesem Simulationsprogramm wird die Planung und Auslegung von netzgekoppelten Anlagen einfach und sicher.
Leitungsberechnung: Darüber hinaus bietet die Firma SMA-Solartechnik ein weiteres kostenloses Programm (auf Excel-Basis) für die Ermittlung der erforderlichen Leiterquerschnitte für die Gleich- und Wechselstrom-Seite.

www.kaco-geraetetechnik.de
Kacocalc pro: ist ein ausgezeichnetes Hilfsmittel zur professionellen Auslegung und Ertragskalkulation von netzgekoppelten Photovoltaik-Anlagen mit Solarmodulen von bekannten Herstellern.

www.fronius.com
FRONIUS Konfigurator: ist ein Programm auf Excel-Basis für die Auslegung von Photovoltaikanlagen.

www.siemens.com
SINVERT solarselect: ermöglicht eine systemoptimierte Auslegung von netzgekoppelten Photovoltaikanlagen bis zu einer Leistung von 2 Megawatt.
SITOP solarselect ist ein Programm zur Auslegung von Photovoltaikanlagen mit SITOP Wechselrichtern und Solarmodulen der gängigen Hersteller.

www.nefa-kassel.de
SolarGeo: Auslegung von Photovoltaikanlagen mit Solarmodulen einiger Hersteller und Wechselrichtern der Firma Fronius und SMA.

www.sunpower.de
SP Sizer: Programm für die Auslegung von Photovoltaikanlagen mit SunPower Wechselrichtern und Solarmodulen von bekannten Herstellern.

www.mastervolt.com
PV SysCalc: Programm für die Auslegung von Photovoltaikanlagen mit Mastervolt Wechselrichtern und Solarmodulen von bekannten Herstellern, auf Excel-Basis.

www.solarmax.com
MaxDesign: Programm für die Auslegung von Photovoltaikanlagen mit Solarmax Wechselrichtern und Solarmodulen von bekannten Herstellern.

3. Planung einer Photovoltaikanlage zur Netzeinspeisung

www.sunways.de
NT Sundim: Programm für die Auslegung von Photovoltaikanlagen mit SunPower Wechselrichtern und Solarmodulen von bekannten Herstellern.

www.aixcon.de
Psform: Programm für die Auslegung von Photovoltaikanlagen mit Wechselrichtern der Firma Aixcon und Solarmodulen von bekannten Herstellern (sehr ausführliche Hilfefunktion).

www.solarstocc.com
Auslegung PS1: Programm für die Auslegung von Photovoltaikanlagen mit Solarstocc Wechselrichtern und Solarmodulen bekannter Hersteller.

www.lighting.philips.com
Configurator: Programm für die Auslegung von Photovoltaikanlagen mit Philips Wechselrichtern und Solarmodulen von bekannten Herstellern, auf Excel-Basis.

www.tu-berlin.de/umweltbildung/service/dgs/dgshelp.html
PV-Inselanlagen: Hilfsprogramm auf Excel-Basis von Dipl. Ing. Rainer Morsch für die Auslegung von Photovoltaik-Inselanlagen. Ein Service für DGS-Kunden.

www.karena.de
SolarDiagramm: Mit diesem Tool erhalten Sie Werkzeug, mit dem Sie für jeden Standort auf der Erde den Sonnengang über dem Horizont nachbilden können.
SolarSog: Mit diesem Tool erhalten Sie ein weiteres Werkzeug, mit dem Sie die Windsogsicherung von Solaranlagen planen können.

www.solarfabrik.de
ProfiPlan: Wechselrichterauslegungsprogramm der Solar Fabrik AG in Freiburg.

www.umweltinstitut.org
Wirtschaftlichkeitsrechnung: Für Solarparks und Solarstrom, auf Excel-Basis von Dr. Alfred Körblein, Umweltinstitut München e.V.

http://solar.schletter.de/index.php?seite=dsuchen&lang=DE&action=search
Sonnenrechner: Zwei Scheiben zum Ausdrucken, die ausgeschnitten und mit einer Klammer zusammengefügt zur Ermittlung der jährlichen Einstrahlung, entsprechend der Neigung und Ausrichtung des Photovoltaikgenerators, dienen.

http://solar.schletter.de/index.php?lang=DE&seite=downloads
Weiterhin bietet Schletter – für registrierte Kunden – Software für Verschattungsberechnungen sowie den Autokalkulator Statik-Schrägdach und vieles andere mehr.

3.14 Statik und Standsicherheit

Photovoltaikanlagen müssen gemäß der Landesbauordnung (LBO) standsicher sein. Das Montagesystem muss bei der Planung so bemessen werden, dass der Photovoltaikgenerator den am Einsatzort auftretenden Lasteinwirkungen standhält. Darüber hinaus muss die Dachkonstruktion die zusätzlichen Lasten eines Photovoltaikgenerators aufnehmen können. Die wichtigsten Berechnungsgrundlagen enthält die DIN 1055 (DIN = **D**eutsches **I**nstitut für **N**ormung).

Die für statische Berechnungen maßgebenden Lasteinwirkungen an den Modulen eines Photovoltaikgenerators beziehen sich auf Druckkräfte, hervorgerufen durch Schneelast, Windstaudruck und Eigengewicht. Die Sogkräfte ergeben sich aus der Sogwirkung des Windes. Grundsätzlich ist bei Schrägdächern zu beachten, dass der Abstand zwischen der Modulfläche und der Dacheindeckung wegen der Statik nicht zu groß sein darf. Darüber hinaus muss der Abstand eine Größe aufweisen, die eine ausreichende Hinterlüftung ermöglicht. Zu beachten ist, dass die Modulflächen die gleiche Neigung haben wie das Dach, also parallel zur Dachfläche verlaufen.

Schrägdächer sind einem erhöhten Staudruck ausgesetzt, weil sie die Windgeschwindigkeit auf der vom Wind angeströmten Seite mindern. Deshalb nimmt die Windgeschwindigkeit auf der dem Wind abgewandten Seite zu und führt zu einem Unterdruck bzw. zum Windsog. Der Sogeffekt führt bei Dächern zu einer Kraft, die bei ungeeigneten oder zu wenigen Dachbefestigungen den Photovoltaik-Generator vom Dach abheben lässt. Das Bild 3.14.1 zeigt wo Winddruck und Windsogkräfte an Pult- und Satteldächern auftreten.

Der senkrecht auf die Außenfläche wirkende Winddruck und Sog lässt sich nach DIN 1055-4 als Produkt aus dem aerodynamischen Druckbeiwert c_{pe} und dem Stau-

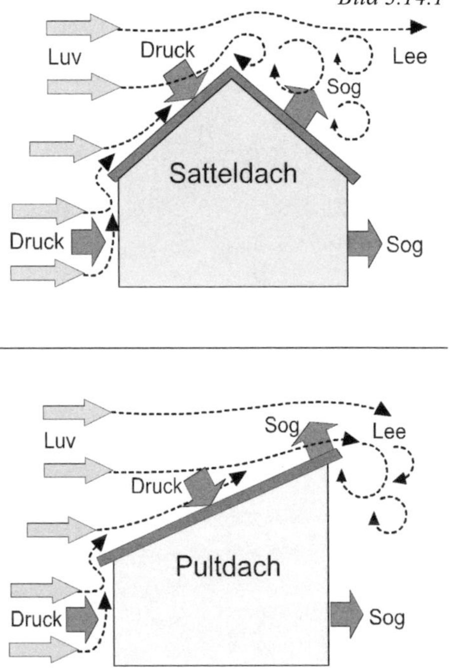

Bild 3.14.1

druck des Windes q ermitteln. Ein positives Vorzeichen des Winddrucks w_e oder des c_p Werts bedeutet Druck und ein negatives Vorzeichen bedeutet Sog. Der äußere Winddruck je m^2 Dachfläche ergibt sich aus:

$$We = Cpe \times q$$

Der für die Berechnung maßgebende Staudruck ist abhängig von der Gebäudehöhe (Bild 3.14.2) und von der Windzone (Bild 3.14.3).

Bild 3.14.3

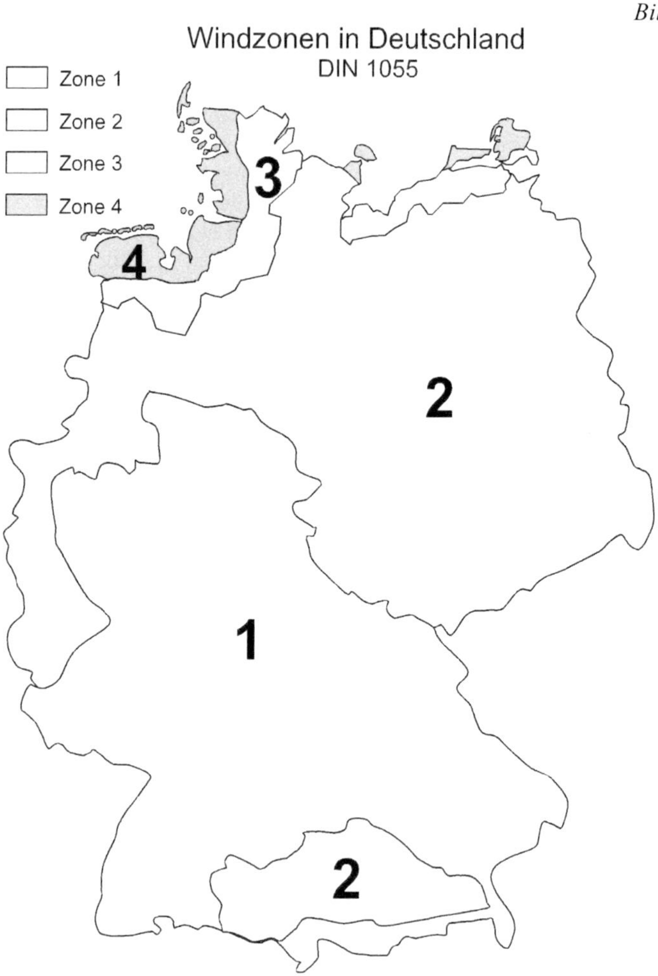

Vereinfachte Geschwindigkeitsdrücke für Bauwerke bis 25 m Höhe (DIN 1055-4)
Geschwindigkeitsdruck q in kN/m^2 für Gebäudehöhen: *Bild 3.14.2*

Windzone	bis 10 m Gebäudehöhe	über 10 m bis 18 m Gebäudehöhe	über 18 m bis 25 m Gebäudehöhe
1 Binnenland	0,50	0,65	0,75
2 Binnenland	0,65	0,80	0,90
Küste u. Ostseeinseln	0,85	1,00	1,10
3 Binnenland	0,80	0,95	1,10
Küste u. Ostseeinseln	1,05	1,20	1,30
4 Binnenland	0,95	1,15	1,30
Küste u. Ostseeinseln	1,25	1,40	1,55
Nordseeinseln	1,40	-	-

Als Küste gelten Gebiete die innerhalb eines Streifens entlang der Küste mit 5 km Breite landeinwärts liegen. Auf den Nordseeinseln ist die Tabelle bis zu einer Gebäudehöhe von 10 m anwendbar.

Die Gebäudehöhe wird vom tiefsten Geländepunkt senkrecht bis zur Dachoberkante gemessen. Der Druckbeiwert für Satteldächer in Abhängigkeit von der Dachneigung α ist in den Bildern 3.14.4 und 3.14.5 aufgelistet.

Außendruckbeiwerte *C*pe bei breitseitig angeströmten Satteldächern für Bauteileflächen > 10 m^2 nach DIN 1055-4 *Bild 3.14.4*

Dachneigung α	Bereich F	Bereich G	Bereich H	Bereich I	Bereich J
5°	-1,7	-1,2	-0,6	-0,6/+0,2	-0,6/+0,2
10°	-1,3	-1,0	-0,4	-0,5/+0,2	-0,8/+0,2
15°	-0,9/+0,2	-0,8/+0,2	-0,3/+0,2	-0,4	-1,0
30°	-0,5/+0,7	-0,5/+0,7	-0,2/+0,4	-0,4	-0,5
45°	+0,7	+0,7	+0,6	-0,4	-0,5
60°	+0,7	+0,7	+0,7	-0,4	-0,5
75°	+0,8	+0,8	+0,8	-0,4	-0,5

Für Neigungswinkel zwischen 15° und 30° ändert sich der Druck schnell zwischen positiven und negativen Werten. Aus diesem Grund sind in der Tabelle beide Werte enthalten. Für Zwischenwerte der Dachneigung darf linear interpoliert werden, falls das Vorzeichen nicht wechselt.

Außendruckbeiwerte *C*pe bei giebelseitig angeströmten Satteldächern für Bauteileflächen > 10 m^2 nach DIN 1055-4 *Bild 3.14.5*

Dachneigung α	Bereich F	Bereich G	Bereich H	Bereich I
5°	-1,6	-1,3	-0,7	-0,6/+0,2
10°	-1,4	-1,3	-0,6	-0,6/+0,2
15°	-1,3	-1,3	-0,6	-0,5
30°	-1,1	-1,4	-0,8	-0,5
45°	-1,1	-1,4	-0,9	-0,5
60°	-1,1	-1,2	-0,8	-0,5
75°	-1,1	-1,2	-0,8	-0,5

Für Zwischenwerte der Dachneigung darf linear interpoliert werden.

Die an Dachkanten zwischen Wänden und Dachflächen auftretenden Sogspitzen sind in den Eckbereichen eines Daches am größten und nehmen zur Dachmitte hin ab. Weiterhin sind auch die Druckkräfte nicht über das ganze Dach gleichmäßig verteilt. Demzufolge muss in den stärker belasteten Dachbereichen die Anzahl der Dachbefestigungen je m^2 erhöht werden.

Bild 3.14.6

Das Bild 3.14.6 zeigt deutlich die erhöhte Anzahl der Befestigungspunkte bzw. Dachhaken an den stärker belasteten Bereichen eines Satteldaches.
Grundsätzlich sind beide Windanströmrichtungen für die Dachflächen zu betrachten (Bild 3.14.7). Der für den zu erbringenden Nachweis ungünstigere Wert ist zu berücksichtigen. Das gleiche gilt für Sog- und Druckbeiwert, bei dem vom ungünstigeren Wert ausgegangen wird, sofern zwei Werte angegeben sind.
Die beschriebene Lastermittlung ist ein vereinfachtes Verfahren, das für Gebäude mit Satteldächern bis zu einer Höhe von 25 Metern angewendet werden kann. Für Walm- Shed-, Pult- und Trogdächer sowie für freistehende Dächer gelten andere Winddruckbeiwerte. Gebäude an exponierten Standorten und höhere Gebäude müssen mit dem genaueren Verfahren nach DIN 1055-4 berechnet werden. Dieses Verfahren ist etwas aufwändiger. Es darf auch bei Gebäuden < 25 m in nicht exponierten Lagen angewendet werden und kann eventuell zu besseren Ergebnissen führen.

Bild 3.14.7

Einteilung der Dachflächen bei Satteldächern (DIN 1055-4)
Bei Dachüberständen kann auf der Oberseite der Druck der anschließenden Dachfläche angenommen werden.

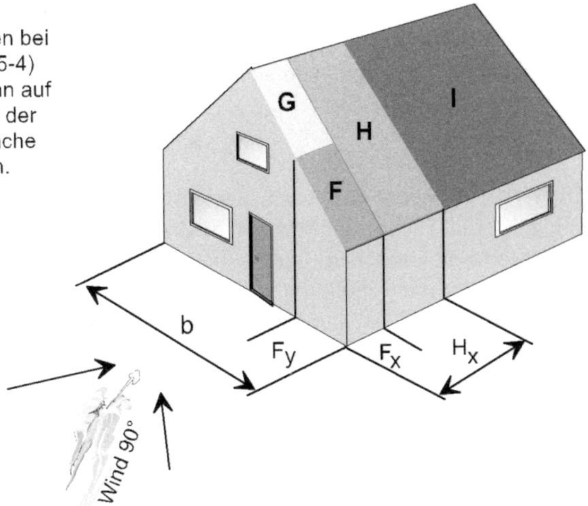

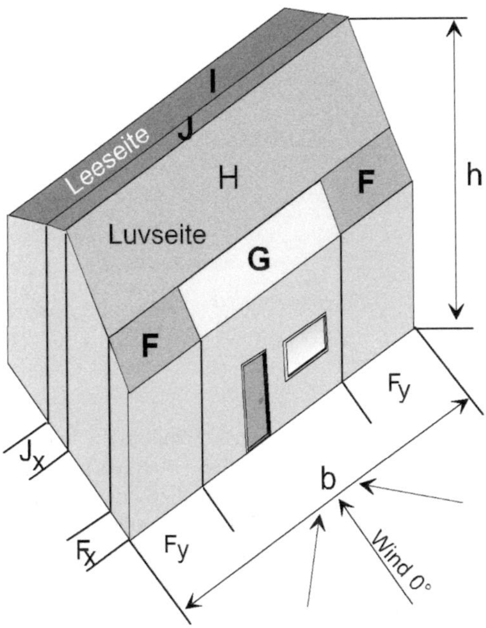

$F_y = \frac{b}{4}$ oder $\frac{h}{2}$

$F_x = \frac{b}{10}$ oder $\frac{h}{5}$

$H_x = \frac{b}{2}$ oder h

$J_x = \frac{b}{10}$ oder $\frac{h}{5}$

Der jeweils kleinere Wert ist maßgebend

Auch die Schneelast wird nach DIN 1055 berechnet. Maßgebend für den Rechenwert **s** (Schneelast) ist die auf die Grundrissprojektion der Dachfläche bezogene rechnerische Schneelast (kN je m^2). Der Rechenwert (**s**) ergibt sich aus der Regelschneelast des Standorts (s_0) und dem von der Dachneigung abhängigen Abminderungswert (***k*s**).

$$\mathbf{s} = k\mathbf{s} \times s_0$$

Die Regelschneelast ergibt sich aus der Geländehöhe des Standorts über dem Meeresspiegel (Bild 3.14.8) und aus der SLZ (Schneelastzone Bild 3.14.9). Die Abminderungswerte die zwischen 0 und 1 liegen, können in DIN 1055-5 tabellarisch abgelesen oder über die Tabelle (Bild 3.14.10) errechnet werden. Zu beachten ist, dass bei Dachflächen < 30° Neigung die Schneelast gleich der Regelschneelast ist und bei einer Dachneigung über 70° ist die Schneelast Null. Grundsätzlich ist für alle Berechnungen immer die neueste Fassung der maßgebenden Normen anzuwenden.

Regelschneelast s_0 in kN/m^2 nach DIN 1055-5 *Bild 3.14.8*

Schneelast-Zone	200m	300m	400m	500m	600m	700m	800m	900m	1000m
1	0,75	0,75	0,75	0,75	0,85	1,05	1,25		
2	0,75	0,75	0,75	0,90	1.15	1,50	1,85	2,30	
3	0,75	0,75	1,00	1,25	1,60	2,00	2,55	3,10	3,80
4	1,00	1,15	1,55	2,10	2,60	3,25	3,90	4,65	5,50

An den Grenzen der Schneelastzonen sollte die nächsthöhere Geländehöhe angesetzt werden. Für Geländehöhen über 1000 Meter erteilt die zuständige Baubehörde Auskünfte.

Abminderungswerte in Abhängigkeit von der Dachneigung

Dachneigungswinkel α	Abminderungswert k_s
bis 30°	1
30° < α < 70°	$1 - \frac{\alpha - 30°}{40°}$
70° ≤ α > 90°	0

Bild 3.14.10

Für den Standsicherheits- und Tragsicherheitsnachweis muss Windlast, Schneelast und Eigenlast berücksichtigt werden. Im Normalfall ermitteln Statiker nach den Kombinationsregeln in DIN 1055 mit den vorgeschriebenen Sicherheitszuschlägen die Stand- und Tragsicherheit einer Photovoltaikanlage. Für eine Baugenehmigung muss die Standsicherheit und die Tragfähigkeit im Einzelfall nachgewiesen werden, indem dokumentiert wird, dass die Unterkonstruktion so dimensioniert wurde, dass sie den größten anzunehmenden Kräften standhalten kann. Photovoltaik-Anlagen auf Gebäuden sind meist genehmigungsfrei, so dass ein förmlicher Nachweis in der Regel nicht erforderlich ist.

Bild 3.14.9

Schneelastzonen Deutschland
DIN 1055
Schneezone 1
Schneezone 2
Schneezone 3
Schneezone 4
Flensbs-burg
Kiel
Strahlsund
Rostock
Lübeck
Stade
Hamburg
Schwerin
Neubrandenburg
Oldenburg
Bremen
Schwedt
Salzwedel
Celle
Berlin
Osnabrück
Wolfsburg
Brandenburg
Frankfurt
Hannover
Braunschweig
Bielefeld
Münster
Goslar
Wesel
Hamm
Paterborn
Dessau
Cottbus
Duisburg
Essen
Göttingen
Halle
Leipzig
Bautzen
Düsseldorf
Wuppertal
Dresden
Eisenach
Köln
Aachen
Siegen
Erfurt
Chemnitz
Bonn
Zwickau
Koblenz
Hof
Frankfurt
Aschaffen-burg
Schwein-furt
Bayreuth
Mainz
Trier
Würz-burg
Kaisers-lautern
Erlangen
Heidelberg
Nürnberg
Ansbach
Regens-burg
Karlsruhe
Zwiesel
Aalen
Stuttgart
Ingolstadt
Passau
Landshut
Simbach
Augsburg
Freiburg
Biberach
Landsberg
München
Kempten
Rosenheim
Obers-dorf
Garmisch

Auch bei genehmigungsfreien Photovoltaikanlagen ist der Bauherr und seine Auftragnehmer für die Standsicherheit verantwortlich, die vor allem wegen der Haftung immer ausreichend dokumentiert sein sollte. Für die zulässige Belastung der Anlage spielen die statischen Eigenschaften der einzelnen Bauteile und ihre Anordnung eine wesentliche Rolle. Aus diesem Grund haben mehrere Hersteller von Montagesystemen für die gängigen Anwendungsfälle Berechnungen auch im Rahmen einer Systemstatik durchführen lassen, die als Dimensionierungswerte in Firmenschriften oder Installationsanleitungen tabellarisch aufgeführt sind. Diese Werte ersparen in vielen Fällen die Berechnung einer Standardanlage.
Für die maximal auftretenden statischen Belastungen auf Flachdächern gilt auch die DIN 1055. Die Teilbereiche für Dächer mit weniger als +/- 5° Neigung zeigt das Bild 3.14.11. Das Flachdach ist zusätzlich zu der im Bild dargestellten Anströmung der Längsseite auch auf die Anströmung der schmalen Seite zu kontrollieren. Die Tabelle in Bild 3.14.12 gibt die Außendruckbeiwerte und Sogspitzen für die dargestellten Bereiche F bis I an. Aufsätze über dem Hauptgesims eines Bauwerks (Attiken) mindern den Winddruck. Für den Windgeschwindigkeitsdruck gilt die Tabelle in Bild 3.14.2 und die Schneelast kann nach den für Satteldächer beschriebenen Verfahren berechnet werden. Hierfür sind die Abminderungswerte in der Tabelle (Bild 3.14.10) auf die Neigung der Solarmodule zu berücksichtigen und nicht die Dachneigung.

Außendruckbeiwerte c_{pe} für Flachdächer > 10 m^2 nach DIN 1055-4 *Bild 3.14.12*

	Bereich F	Bereich G	Bereich H	Bereich I
Scharfkantiger Traufenbereich	-1,8	-1,2	-0,7	+0,2/-0,6
mit Attika *hp/h* = 0,025	-1,6	-1,1	-0,7	+0,2/-0,6
mit Attika *hp/h* = 0,05	-1,4	-0,9	-0,7	+0,2/-0,6
mit Attika *hp/h* = 0,10	-1,2	-0,8	-0,7	+0,2/-0,6

Im Bereich I, müssen beide Werte berücksichtigt werden. ***hp*** bezeichnet die Höhe des Baukörpers ***h***. Zwischenwerte ***hp/h*** dürfen linear interpoliert werden.

Bild 3.14.13

Die Windlast auf flachen Dächern kann minimiert werden, indem eine ausreichende Bodenfreiheit berücksichtigt wird und die in Bild 3.14.13 gezeigten Abstände zu den Dachkanten eingehalten werden.

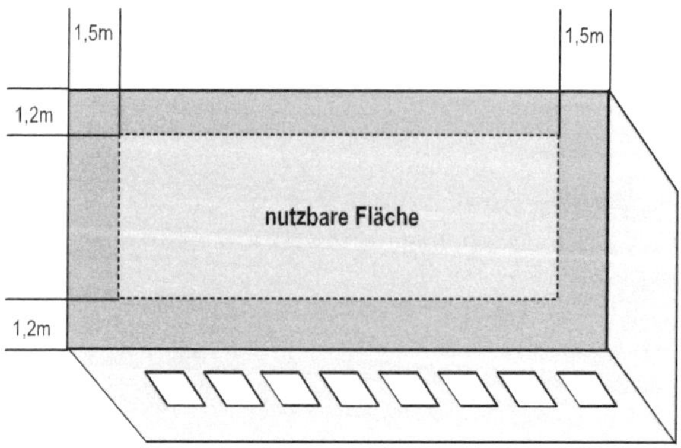

Bild 3.14.11

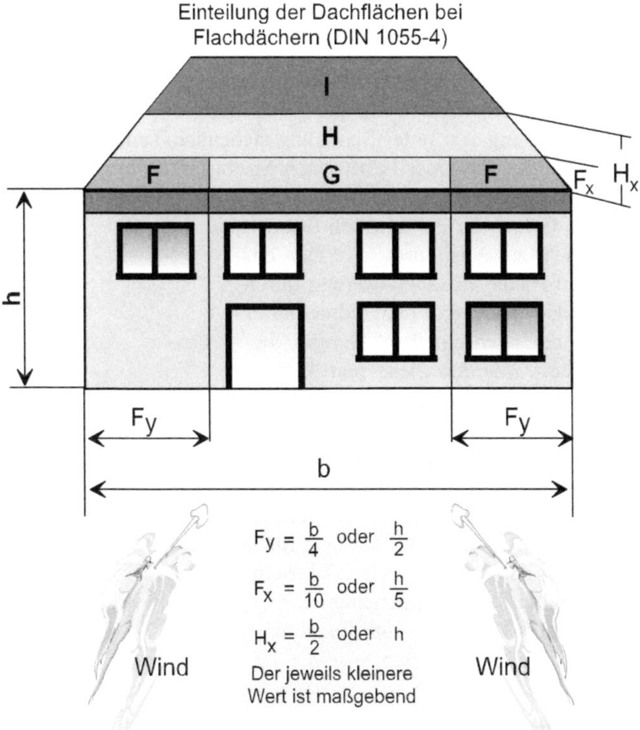

Bild 3.14.14

4. Ausführung

4.1 Installationshinweise

Sicherheit ist beim Umgang mit Elektrizität oberstes Gebot. Forschungen über die Wirkung des elektrischen Stromes auf den Menschen und die Auswertung von Stromunfällen haben das Wissen um die Gefährdung des Menschen bedeutend erhöht. Bei der Berührung von unter Spannung stehenden Teilen wirkt ein Strom auf den Körper ein, so dass ab einer bestimmten Stromstärke die normalen elektrischen Impulse des menschlichen Steuerzentrums nicht mehr wahrgenommen werden. Die Befehle, die das Gehirn an die Muskeln sendet, kommen nicht mehr zur Ausführung. Im menschlichen Körper wird jede Muskelbewegung durch elektrische Impulse gesteuert. Die Höhe dieser Steuerspannung des menschlichen Gehirns beträgt etwa 0,1 Volt. Werden diese vom Gehirn ausgehenden Impulse durch äußere Fremdspannungen beeinflusst, kommt es zu Störungen des Bewegungsablaufes. Die Muskeln des Körpers ziehen sich zusammen und können dadurch einen unter Strom stehenden Gegenstand, zum Beispiel eine Rohrleitung, aus eigenem Willen nicht mehr loslassen (Loslassgrenze ca. 10 mA). Beim Stromdurchfluss durch den menschlichen Körper, sind unterschiedliche Einflüsse von Bedeutung. Dazu zählen als wichtigste Kriterien:

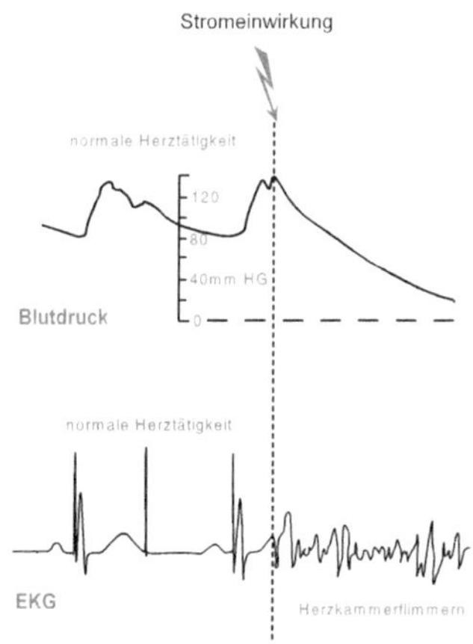

Bild 4.1.1

- **Höhe der elektrischen Spannung**
- **Stärke des elektrischen Stromes**
- **Frequenz des elektrischen Stromes**
- **Elektrischer Widerstand des menschlichen Körpers**
- **Einwirkungsdauer des elektrischen Stromes auf den Körper**

Der in den Normen angenommene elektrische Widerstand des menschlichen Körpers, von der Hand zum Fuß, beträgt 1000 Ohm. Bei einer Spannung von 500 Volt bewirkt ein Widerstand von 1000 Ohm einen Stromfluss von 0,5 Ampere. Lebensgefährlich wird es ab einem Strom von nur wenigen mA, wenn er für eine bestimmte Zeit über das Herz fließt. Der natürliche Pumprhythmus des Herzens wird gestört, es stellt sich Herzkammerflimmern ein (Bild 4.1.1) und der Blutdruck verändert sich. Eine ausreichende Blutzirkulation ist nicht mehr gegeben und bereits 3 bis 5 Minuten in diesem Zustand, können wegen der fehlenden Sauerstoffversorgung, zu einer Schädigung des Gehirns oder gegebenenfalls zum Tode führen. Aus diesem Grund sollte die Gleich-

und Wechselstrominstallation einer Photovoltaikanlage zur Netzeinspeisung nur ein Fachmann ausführen.
Photovoltaik-Generatoren werden grundsätzlich im Freien montiert. Aus diesem Grund müssen alle im Außenbereich zum Einsatz kommenden Systemkomponenten eine geeignete IP-Schutzklasse aufweisen sowie UV- und witterungsbeständig sein. Darüber hinaus müssen die Sicherheitsbestimmungen und berufsgenossenschaftlichen Vorschriften zur Elektroinstallation nach BGV A2 eingehalten werden. Wegen der für viele Elektriker gewohnten Praxis der Wechselstrominstallation kann es bei der Gleichstrominstallation zu Fehlern bzw. zu Stromunfällen kommen. Photovoltaik-Generatoren besitzen ein anderes Betriebsverhalten, weil sich die Solarmodule nicht abschalten bzw. spannungsfrei schalten lassen. Sie stehen bei der Montage unter Spannung und am Photovoltaik-Generator liegt die volle Betriebsspannung an, sobald es hell ist. Der Generator erreicht bereits bei geringer Sonneneinstrahlung seine Nennspannung. Beim Einsatz von Leitungsschutzschaltern und Sicherungen ist zu beachten, dass Photovoltaik-Generatoren Spannungsquellen sind, deren Kurzschlussstrom nur etwa 10 % über dem Nennstrom liegt. Bei dem Photovoltaik-Generatorstrom handelt es sich um reinen Gleichstrom, der bei einem Isolationsfehler einen dauerhaften Lichtbogen erzeugen kann. Leitungsschutzschalter können diesen Lichtbogen, von dem eine hohe Brandgefahr ausgeht, nicht abschalten, weil auch der maximale Generatorkurzschlussstrom nicht ausreicht, um ein Abschalten der Sicherung zu bewirken. Leitungsschutzschalter können je nach Typ und Auslösecharakteristik zum Beispiel das 1,41fache ihres Nennstromes eine Stunde führen ohne auszulösen (Bild 4.1.2). Das heißt, dass ein Leitungsschutzschalter Typ B mit einem Nennstrom von 10 Ampere, bei einem Stromfluss von 14 Ampere, eventuell eine Stunde benötigt, um abzuschalten. Deshalb ist mit einem Leitungsschutzschalter ein Schutz durch Abschalten eines Gleichstromkreises, bei Kurzschluss oder bei einem Lichtbogen, hervorgerufen durch einen Isolationsfehler, nicht möglich. Aus diesen Gründen muss die gesamte Gleichstrominstallation erd- und kurzschlusssicher sein und die Leiterquerschnitte müssen so bemessen sein, dass sie problemlos den maximalen Kurzschlussstrom führen können. Darüber hinaus dürfen für die DC-Installation nur Lastschalter verwendet werden, die ein nachgewiesenes Gleichstrom-Schaltvermögen besitzen.

Auslösekennlinien für Leitungsschutzschalter nach / DIN VDE 0641

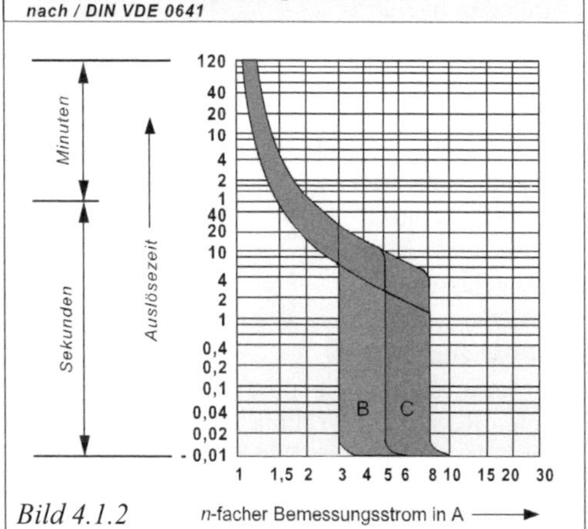

Bild 4.1.2

Der Generatoranschlusskasten muss beim Anschluss der Gleichstromhauptleitung spannungslos sein bzw. die Trennklemmen im Generatoranschlusskasten müssen geöffnet sein, wenn der Anschluss der Hauptleitung erfolgt. Bei Anlagen mit Strangwechselrichtern erfolgt die Trennung aufgrund des fehlenden Generatoranschlusskastens durch die Trennung des Stranges an einer Modulleitung. Da wegen der Gefahr einer Lichtbogenbildung die Trennung von Steckverbindungen nicht unter Last erfolgen darf, ist zum Lastschalten ein Gleichstrom-Hauptschalter auch vor einem Strangwechselrichter erforderlich. Die Installation einer Photovoltaikanlage erfordert spezielles Fachwissen und die Beachtung der technischen Unterlagen des Herstellers. Es sollte diesen Papieren aber nicht blind vertraut werden, da sie Fehler oder verkaufsfördernde Hinweise beinhalten können, die zu nicht optimalen Lösungen führen. Bei Arbeiten auf dem Dach begibt sich der Elektrotechniker häufig auf Neuland. Wichtig ist, dass die Dachdeckungen auch nach der Montage der Dachhaken noch regensicher sind. Von Eingriffen in Flachdächer mit Kunststoffbahnen durch den Elektrotechniker ist auch wegen einer eventuell noch vorhandenen Gewährleistungspflicht auf frühere Handwerksleistungen des Dachdeckers grundsätzlich abzuraten. Weiterhin müssen die Statik des Daches und die Standsicherheit des Photovoltaik-Generators gewährleistet sein. Aus diesen Gründen ist oft die Zusammenarbeit des Elektrikers mit einem Dachdecker unumgänglich. Letztendlich haftet das ausführende Unternehmen indem es die Einhaltung der anerkannten Regeln der Technik bescheinigt. Grundsätzlich erlaubt die Handwerksordnung den Handwerksbetrieben in Fremdgewerken Arbeiten auszuführen, wenn sie mit dem eigenen Gewerken in Verbindung stehen. Die Gleichstrominstallation kann durch vom Elektrotechniker unterwiesenen „Nichtelektrikern“ erfolgen, wenn die Arbeiten unter der Leitung und Aufsicht von Elektrofachkräften durchgeführt werden. Photovoltaik-Aufdachanlagen können vom Elektroinstallateur, nach Unterweisung der Sicherheitsbestimmungen für Dacharbeiten, ausgeführt werden. Die Dachdurchführungen im Flachdach sowie die Montage von Indachanlagen sollte hingegen immer der Dachdecker ausführen. Die wechselstromseitige Installation und die Inbetriebnahme der Photovoltaik-Anlage darf grundsätzlich nur ein vom VNB zugelassener Elektrotechniker ausführen. Für die Elektroarbeiten an der gesamten Photovoltaikanlage haftet das zugelassene und beauftragte Elektrounternehmen. Im Inbetriebnahmeprotokoll wird die Beachtung der Vorschriften und der anerkannten Regeln der Technik zugesagt. Bei Arbeiten auf Dächern führen viele Arbeitsunfälle zu schweren Verletzungen oder sogar zum Tode. Deshalb ist hier die Arbeitssicherheit besonders wichtig und unnötige Risiken (Bild 4.1.3) sind zu vermeiden.

Bild 4.1.3

4.2 Sicherheitsbestimmungen bei der Montage

Bild 4.2.1

Bei der Montage einer Photovoltaikanlage, die ausschließlich durch ein Elektroinstallationsunternehmen ausgeführt wird, muss sichergestellt sein, dass die Elektrotechniker mit den Sicherheitsbestimmungen auf dem Dach vertraut sind und über ausreichende Fertigkeiten für die notwendigen Dacharbeiten verfügen. Das gilt insbesondere für das Einsetzen der Dachhaken und der Sparrenanker, die Montage des Generatorgestells und die Dachdurchführung der Solarleitungen.
Nach den berufsgenossenschaftlichen Vorschriften- und Regelwerk zum Arbeitsschutz und Unfallverhütung BGV C 22, müssen Einrichtungen vorhanden sein, die ein Abstürzen von Personen auf Dächern mit mehr als 3 Metern Absturzhöhe verhindern (Bild 4.2.1). Entsprechend der Dachneigung wird die Absturzhöhe von der Traufenkante oder von der Höhenlage des Arbeitsplatzes gemessen. Bei Dachneigungen bis 45° wird die Absturzhöhe an der Traufenkante (Dachkante) gemessen, und bei Dachneigungen über 45° ist die Höhe des Arbeitsplatzes die maßgebende Absturzhöhe. Fanggerüste sind bis zu einer Dachneigung von 45° zulässig. Sie werden eingesetzt, wenn aus arbeitstechnischen Gründen keine Schutzwand verwendet werden kann. Bei einem Fanggerüst darf der maximale Höhenunterschied (h2) zwischen Traufenkante (Absturzkante) und dem Gerüstbelag 1,50 Meter nicht überschreiten und der Gerüstbelag muss eine Mindestbreite von 0,6 Metern aufweisen (Bild 4.2.2 (b) u. 4.2.3). Schutzwände von Gerüsten aus Geflechten müssen mindestens eine Maschenweite von 10 cm besitzen (Bild 4.2.2 (a)). Die Art der Absturzsicherung ist abhängig von den konstruktiven Gegebenheiten des Daches, der Neigung sowie dem Umfang der Arbeiten auf dem Dach.

Fanggerüst bei Schrägdachmontage

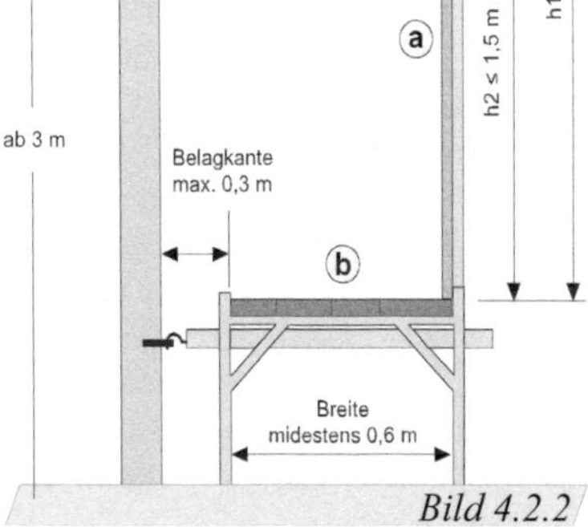

Bild 4.2.2

Als Sicherungen können auch Schutzwände oder Auffangnetze nach den Sicherheitsregeln „Schutzwände für Arbeiten auf geneigten Dachflächen“, Fangerüste oder ein Seitenschutz nach DIN 4420 in Betracht kommen.

Sind die Dächer sehr hoch mit Höhenunterschieden größer fünf Meter, zwischen Arbeitsplatz und Fanggerüst, müssen zusätzliche Schutzwände auf der Dachfläche errichtet werden (Bild 4.2.3). Schutzwände werden bei Dachneigungen bis 60° eingesetzt. Die Schutzwand muss so bemessen sein, dass sie den Arbeitsbereich an beiden Seiten um mindestens zwei Meter überragt. Bei Dachneigungen größer 60° gilt die Arbeitshöhe grundsätzlich als Absturzhöhe. Hier müssen Arbeitsgerüste mit einer Fanglage aufgebaut werden, deren Breite mindestens 90 cm beträgt. Darüber hinaus darf die Tiefe vom Arbeitsplatz bis zur Fanglage nicht größer als zwei Meter sein.

Bild 4.2.3

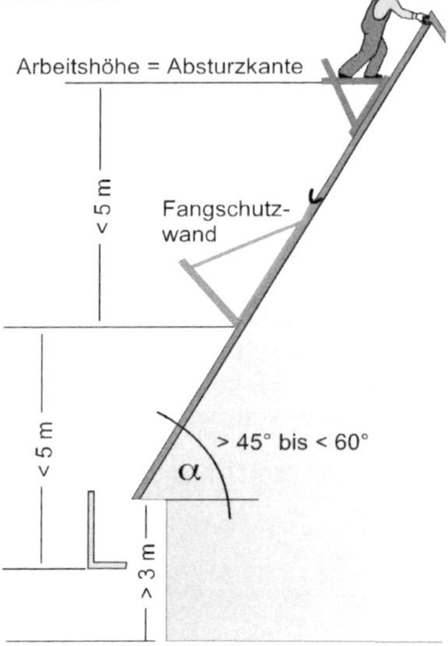

Schutzwand am Schrägdach

Zu beachten ist, dass bei Arbeiten auf Dächern, die mit Wellplatten gedeckt sind, wegen der Durchbruch- bzw. Absturzgefahr immer lastverteilende Beläge zu verwenden sind. Zum Schutz vor herabfallenden Gegenständen müssen die Bereiche, in denen Personen gefährdet sind, gekennzeichnet und abgesperrt werden. Bei Arbeiten in der Nähe von blanken spannungsführenden Niederspannungs-Freileitungen mit einer Nennspannung von 230/400 Volt (Bild 4.2.4) ist ein Sicherheitsabstand von mindestens einem Meter einzuhalten und bei unbekannter Spannungshöhe einer Freileitung beträgt der einzuhaltende Mindestabstand 5 Meter. Kann bei der Montage des Photovoltaikgenerators der Mindestabstand zur Niederspannungs-Freileitung nicht eingehalten werden, so sind die Freileitungen im Arbeitsbereich zu isolieren bzw. gegen Berühren zu schützen.

Bild 4.2.4

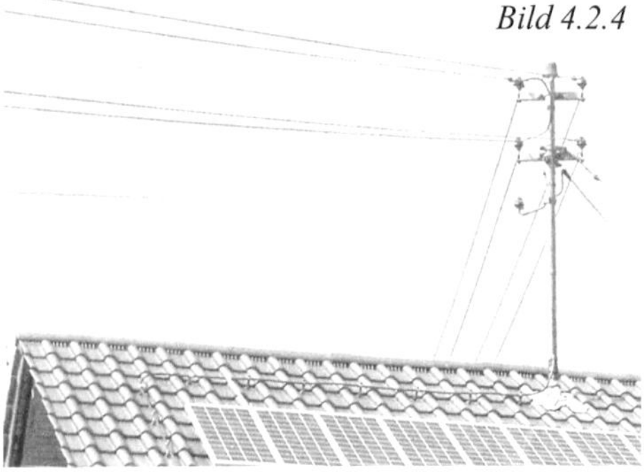

4.3 Generatormontage auf Satteldächern

Für die Montage des Photovoltaikgenerators müssen in der Dachfläche Befestigungspunkte für das Tragschienensystem angebracht werden. Zunächst wird die genaue Position des Photovoltaikgenerators sowie die Position der Dachbefestigungspunkte für die Dachhaken festgelegt. Die Wahl der Dachhaken, an denen die Metallkonstruktion befestigt wird, richtet sich nach der vorhandenen Dacheindeckung. Es gibt Lösungen, bei denen der Dachhaken (Bild 4.3.1) entweder am Dachsparren oder bei der sogenannten sparrenunabhängigen Lösung an der Dachlatte befestigt wird. Sparrenunabhängige Lösungen haben den Vorteil, dass die Position des Hakens nicht vom vertikal verlaufenden Dachsparren (Bild 4.3.2) abhängt, sondern über den gesamten Verlauf der horizontal angebrachten Dachlatten möglich ist. Der Nachteil einer Befestigung der Dachhaken an den Dachlatten ist die Statik, die nicht so hoch belastbar ist, wie bei einer Befestigung der Dachhaken am Dachsparren. Im Handel sind Dachhaken für Ziegel, Betondachsteine, Biberschwanz oder Schiefer erhältlich. Diese Haken werden zwischen der Dacheindeckung durchgeführt und fest mit dem Dachsparren oder der Dachlatte verschraubt. Zur Montage der Dachhaken wird jeweils der Dachziegel bzw. der Dachstein oberhalb der Stelle, an der der Anker montiert werden soll, aufgedeckt oder hochgeschoben. Der Dachhaken liegt mit dem aus der Dacheindeckung herausragenden Schenkel in der sogenannten Senke des darunter liegenden Dachsteins. Er sollte drei bis fünf Millimeter Abstand zur Oberfläche und zur Stirnseite haben. Der Dachhaken darf auf dem darunter liegenden Dachstein keinesfalls aufliegen und auch nicht gegen den Dachstein drücken, um bei späterer Belastung des Ankers die Kraft nicht auf den unteren Dachziegel zu übertragen. Bei einem aufliegenden Dachhaken kann der Ziegel bei Belastung brechen, was zu einer Undichtigkeit im Dach führt. Ein zu großer Spalt hingegen führt dazu, dass die Dachhaut nicht vollständig geschlossen ist. Zu beachten ist, dass sich bei einem aufliegenden Dachhaken das Ge-

Bild 4.3.1

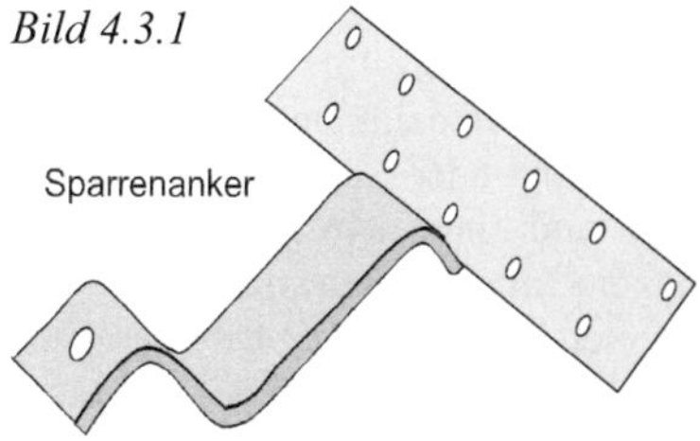

Bild 4.3.2

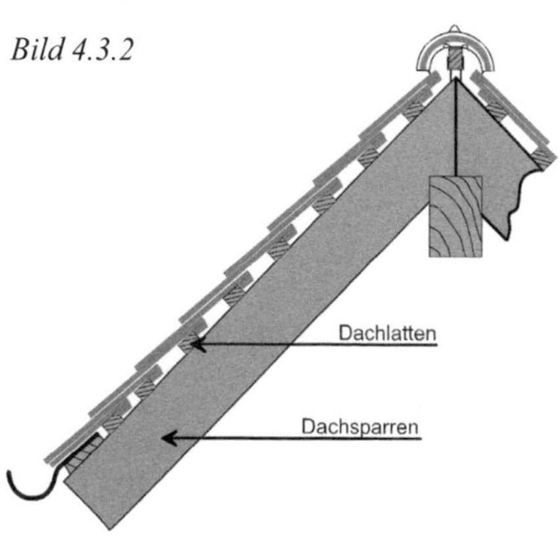

wicht der Module durch Schneelasten wesentlich erhöht und dass auch Beanspruchung durch Windeinwirkung die Dachziegel beschädigen können. Gegebenenfalls muss der Dachhaken mit Hölzern unterfüttert werden und der den Dachhaken abdeckende und/oder der unter dem Dachhaken liegende Dachziegel muss an der Stelle der Durchführung mit einem Winkelschleifer (Bild 4.3.3), mit eingesetzter Stein- oder Diamantscheibe, dementsprechend ausgeschliffen werden.

Bild 4.3.3

Bei Biberschwanzeindeckungen wird der abdeckende Ziegel mit halben bzw. Drittelziegeln ersetzt. Im ausgesparten Bereich wird ein Titanzinkblech unter den Dachhaken gelegt oder ein spezielles Zubehörblech über und unter dem Dachhaken eingesetzt, das auf allen Seiten mindestens zwei Zentimeter überlappt. Für Biberschwanzdächer mit Holzschalung gibt es auch Metalldachplatten mit Dachhaken, die auf der Schalung verschraubt werden. Einige Hersteller bieten sogenannte Befestigungsziegel für die Schienenkonstruktion des Photovoltaik-Generators an. Es handelt sich hierbei um etwas abgeänderte Ziegel aus Kunststoff oder Blech, die ursprünglich zum Anbringen von Schneefanggittern oder Dachlaufstiegen verwendet wurden. Diese Befestigungsziegel werden unabhängig von der Lage der Dachsparren in die Dachdeckung eingesetzt und eventuell zusätzlich mit den Dachlatten verschraubt. Befestigungsziegel ersetzen die vorhandenen Dachziegel, so dass ein aufwändiges Ausfräsen der Dachziegel für die Dachhaken entfällt und die Regensicherheit sowie die Stabilität der Pfannen erhalten bleibt, ohne dass eine Gefahr der Beschädigung durch aufliegende Dachhaken besteht. Werden die Dacharbeiten für das Anbringen der Dachhaken nicht an einem Arbeitstag erledigt, so muss die eventuell noch geöffnete Dachhaut (Bild 4.3.4) wieder vollständig geschlossen werden, um bei aufkommenden Niederschlägen Wasserschäden im Gebäude zu vermeiden.

Bild 4.3.4

Nach dem Anbringen der Dachhaken oder Befestigungsziegel usw. werden die Tragschienen zur Aufnahme der Solarmodule montiert. Je nach Montagesystem liegen die Vertikal- oder Horizontalschienen (Bild 4.3.5) direkt auf den Dachhaken auf und werden unter Verwendung von Federringen angeschraubt. Darüber hinaus ist auch eine Montage des Generators auf kreuzweise angebrachten Schienen möglich, bei der die zweite Lage der Schienen auf den unteren Schienen aufliegt (Bild 4.3.6) und mit diesen verschraubt wird. Je nach Anbringungsart der Solarmodule, kann bei einem Kreuzschienensystem (Bild 4.3.7) der Abstand zwischen den Modulen und der Dachfläche größer sein, so dass eine bessere Hinterlüftung des Photovoltaik-Generators für einen höheren Wirkungsgrad der Photovoltaikanlage sorgt. Um eine ebene Generatorfläche zu erhalten, müssen vorhandene Unebenheiten des Daches mit dem Montagesystem ausgeglichen werden. Deshalb sollte bereits vor der Dachhakenmontage überprüft werden, ob eventuell höhenverstellbare Dachhaken oder Distanzstücke erforderlich sind. Das Montagesystem sollte ein leichtes Herauslösen einzelner Module ermöglichen, da es vorkommen kann, dass eine Dachreparatur unter der Modulfläche nötig ist oder ein defektes Modul ersetzt werden muss.

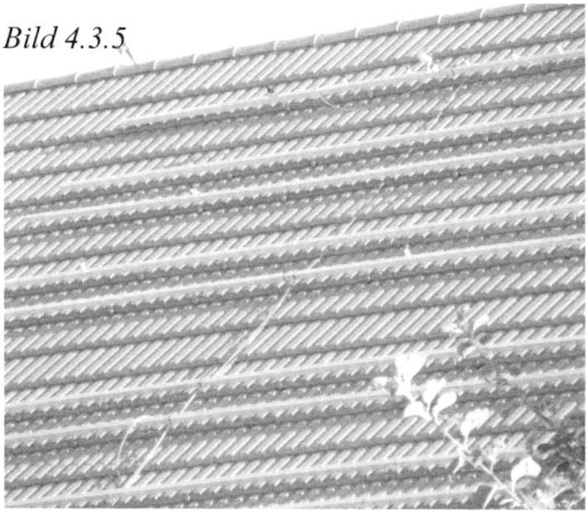
Bild 4.3.5

Bild 4.3.6

In der einfachsten und gebräuchlichsten Montagelösung werden die Module vertikal auf zwei parallele und horizontal verlaufende Querträgerschienen gelegt und meist an vier Punkten, zum Beispiel im Bereich der Montagebohrungen des Modulrahmens befestigt. Der Abstand der Schienen hängt von den möglichen Dachbefestigungspunkten, und zum Beispiel vom Abstand der Dachpfannen sowie von den Vorgaben des Modulherstellers ab. Bei einer horizontalen Modulmontage kann es von Vorteil sein, die Modultragschienen vertikal auf dem Dach anzubringen. In vielen Verschattungssituationen ist die horizontale Modulmontage, wegen einer geeigneten Verschaltung der Solarmodule, unvermeidbar. Wenn die Unterkonstruktion keine passenden Befestigungspunkte im erforderlichen Schienenabstand bietet oder die Dachfläche sehr uneben ist, sollte ein Kreuzschienensystem zur Anwendung kommen, weil sich mit diesem System die Generatorfläche leichter plan ausrichten lässt.

Bild 4.3.7

Unter Umständen können Dachbefestigungspunkte gespart werden, da der Befestigungsabstand unabhängig von der Modulgröße ist. Nachteilig ist beim Kreuzschienensystem, das höhere Gewicht und der etwas größere Materialaufwand. Für Montagesysteme, bei denen die Module in die Tragprofile eingelegt oder linear geklemmt werden, ist ebenfalls ein Kreuzschienensystem erforderlich, das sich wegen der problemloseren Montage in der Praxis bewährt hat. Bei diesem System entspricht der Abstand der horizontal verlaufenden Profilschienen genau der Modullänge (Bild 4.3.8). Zu beachten ist, dass der Dachrandabstand zu den Solarmodulen mindestens das Dreifache des vertikalen Abstands, zwischen Solarmodul- und Dachfläche beträgt (Bild 4.3.9) und dass zwischen den Modulen eine Dehnungsfuge von ca. 6 mm bis 10 mm vorhanden sein sollte. Um die Anschlussleitungen der Modulgruppen nach innen zu führen, ist eine geeignete Dachdurchführung notwendig. Die Lage der Dachdurchführung ergibt sich aus der Leitungsführung zum Wechselrichter bzw. zum Generatoranschlusskasten und aus der Montagereihenfolge der Modulgruppen. Die Dachdurchführung wird im Normalfall unter der Modulgruppe eingebaut, die zuletzt montiert wird. Führt dies zu unnötig langen Leitungen, wird die Dachdurchführung unter einer anderen Modulgruppe so eingebaut, dass auch nach der Montage der Solarmodulgruppe die Leitungen noch eingeführt werden können. Eine Dachdurchführung unter den Modulen erschwert eventuell die Verlegung der Gleichstromleitungen, dafür sind die Leitungen unter der Modulfläche geschützter und nicht mehr zu sehen.

Bild 4.3.8

Als Dachdurchführung werden herkömmliche Lüftungsziegel verwendet, die für alle gängigen Ziegelsysteme erhältlich sind. Sie ermöglichen die Einführung der Leitungen nach innen, ohne die Dachhaut zu verletzen. In dass Insektenschutzgitter des Lüftungsziegels werden Öffnungen entsprechend der Anzahl der Leitungen gebohrt. Sollen mehr als ca. 10 Leitungen durchgeführt werden, kann ein zweiter Lüftungsziegel verwendet werden.

Bild 4.3.9

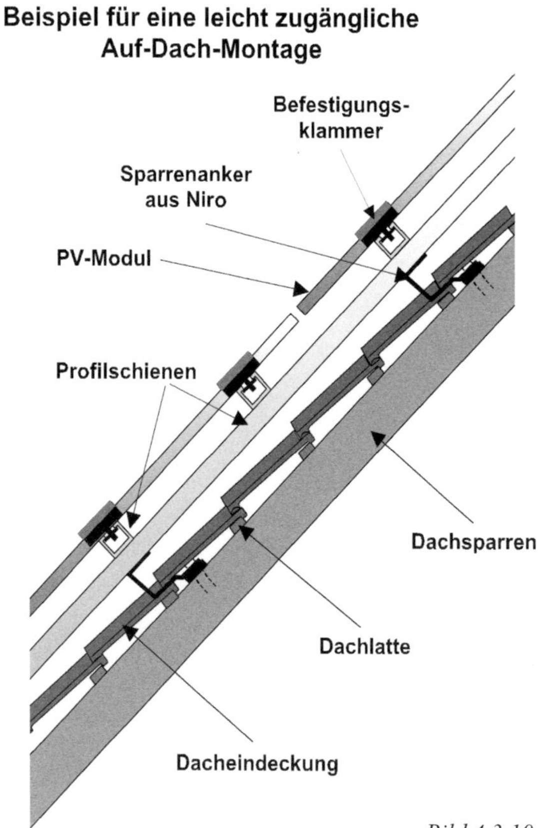

Bild 4.3.10

Unter keinen Umständen dürfen die Gleichstromleitungen direkt zwischen den Ziegeln durchgeführt werden. Durch Temperaturschwankungen arbeiten die verschiedenen Werkstoffe. Sie dehnen sich aus und ziehen sich wieder zusammen. Das bewirkt eine Bewegung der Dachziegel gegeneinander, die zur Zerstörung der dazwischenliegenden Gleichstromleitungen führen kann.

Beim Vorhandensein einer Wärmedämmung im Dach muss die Dämmung nach der Leitungsdurchführung mit geeignetem Dämmmaterial wieder geschlossen werden. Zum Beispiel ist es wichtig, dass aufgeschnittene Folien einer Dampfsperre mit einem speziellen Aluminiumklebeband wieder abgedichtet werden.

Das Bild 4.3.10 zeigt den Schnitt eines Photovoltaik-Generators, der auf einem Kreuzschienensystem mit Sparrenankern befestigt ist.

Die üblichen Aufdach-Montagesysteme für Schräg- bzw. Satteldächer enthält das Bild 4.3.11 zu denen folgende Arten der Modulmontage zählen:

- **Vertikale Modulmontage auf Querträgerschienen**
- **Lineare Modulhalterung auf Kreuzschienen**
- **Normale Modulmontage auf Kreuzschienen**
- **Horizontale Modulmontage auf Vertikalschienen**

Vertikale Modulmontage auf Querträgerschienen

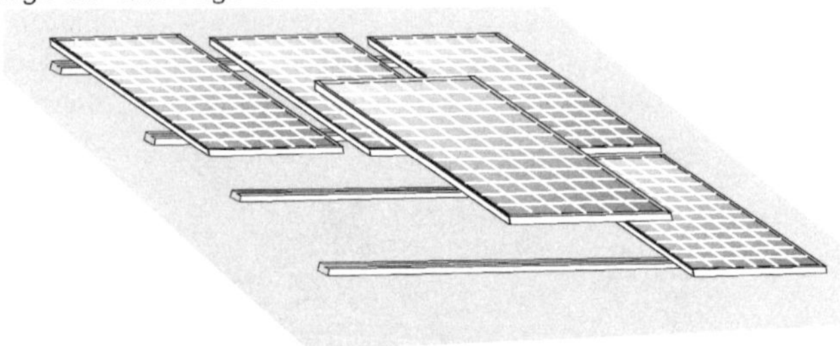

Lineare Modulhalterung auf Kreuzschienen

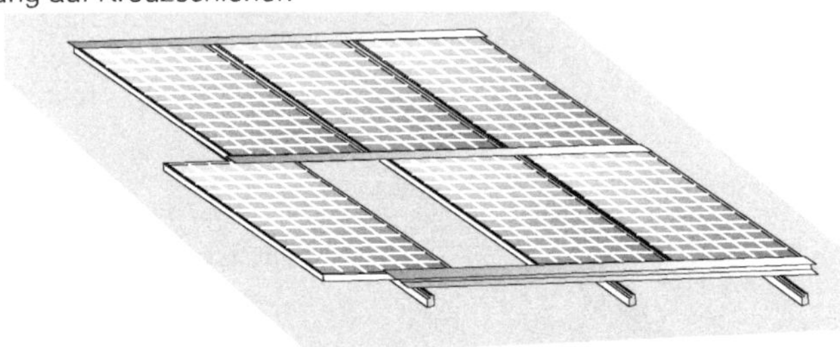

Modulmontage auf Kreuzschienen

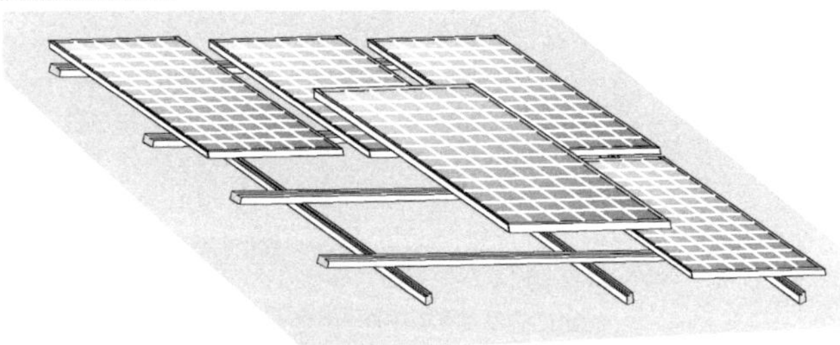

Horizontale Modulmontage auf Vertikalschienen

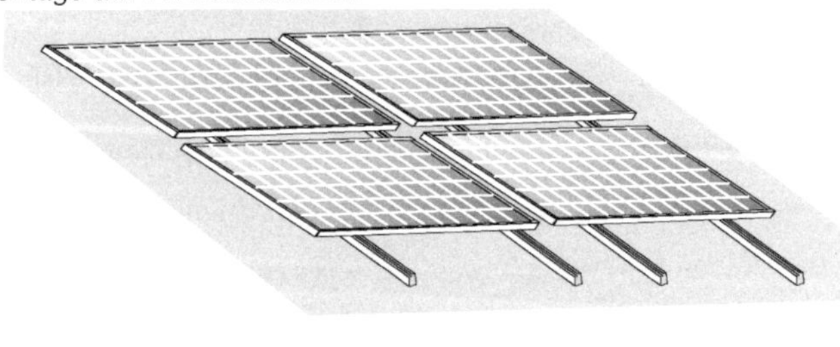

Bild 4.3.11

Nach VDE 0100 Teil 712 ist im Allgemeinen für Photovoltaikanlagen kein Blitzschutz gefordert. Die Berührungssicherheit von Photovoltaik-Generatoren auf dem Dach ist jedoch wichtig, weil ein elektrischer Schlag unter anderem zu einem Sturz vom Dach führen kann. Besonders bei Verwendung trafoloser Wechselrichter (Wechselrichter ohne galvanische Trennung) ist im Fehlerfall oder bei einer kapazitiven Aufladung der Module eine zu hohe Berührungsspannung an den Solarmodulrahmen möglich. Aus diesem Grund fordern einige Hersteller trafoloser Wechselrichter eine Erdung der Metallkonstruktion des Photovoltaik-Generators, einschließlich der Solarmodulrahmen. Als Erdanschlussleitung kann ein Leiter mit einem Querschnitt von 16 mm^2 Cu zur Anwendung kommen. Die vorgeschriebene Erdung der Solarmodule wird in der Praxis oft außer acht gelassen, indem die Module mit eloxierten Rahmen (Bild 4.3.12) lediglich auf das Montagegestell geklemmt werden, ohne dass eine ausreichende elektrische Verbindung von den Solarmodulen zu der Metallkonstruktion des Photovoltaik-Generators vorhanden ist. Aus diesem Grund sind im Handel sogenannte Erdungsmittelklemmen erhältlich, mit denen eine niederohmige Verbindung von den Modulrahmen zum Tragschienensystem hergestellt werden kann.

Bild 4.3.12

Das „SPIKE“- Erdungskonzept für PV-Anlagen bietet Modulbefestigung und Erdung in nur einem Arbeitsgang. Die Modulmittel- und Endhaltergeneration der FR-GS2-Photovoltaik-Unterkonstruktion besteht aus hochwertigen Materialien und wenigen Einzelteilen, die eine zeit- und kostensparende Montage erlauben. Sichere Befestigung des Modulrahmens durch eine großflächige Auflage und mechanische Klemmung, mit variabel zu positionierenden Schienenmuttern, gehört zu den Vorteilen dieses Systems. Bei dem SPIKE – Erdungssystem werden Edelstahldornen (Bild 4.3.13) an den Modul-Endhaltern und Mittelhaltern eingesetzt. Sie durchdringen die elektrisch isolierende Eloxatschicht des Modulrahmens. Somit wird eine gute und dauerhaft leitfähige Verbindung des Generators zu der Unterkonstruktion geschaffen.

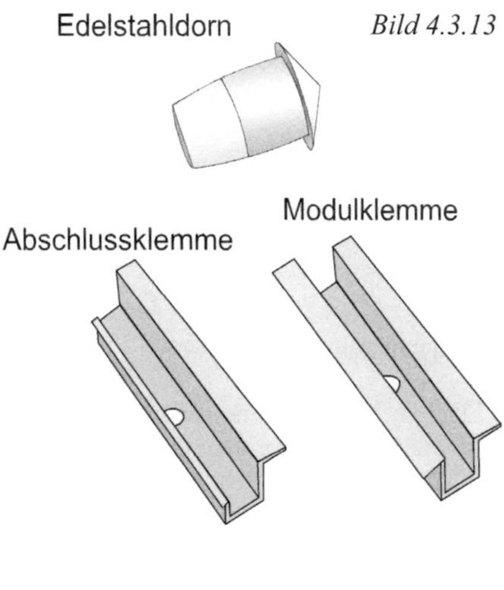

Bild 4.3.13

4.4 Generatormontage auf flachen Dächern

Die meisten Flachdächer bieten große ungenutzte Flächen, die sich hervorragend für die Errichtung eines Photovoltaik-Generators eignen. Fast immer kann die Ausrichtung der Solarmodule genau nach Süden mit optimalem Neigungswinkel erfolgen. Bei der Montage auf einem Flachdach werden die Module, ähnlich der Montage auf Sattel- bzw. Schrägdächern, auf einer Metallkonstruktion über dem vorhandenen Dach montiert. Vor dem Bau des Photovoltaik-Generators sollte sichergestellt sein, dass die Funktionsfähigkeit des Daches während der voraussichtlichen Nutzungsdauer der Anlage erhalten bleibt.
Je nach Ausführungsart und Statik des Daches erhalten die Gestelle bei zusätzlich belastbaren Dächern eine schwimmende Befestigung (Schwerlastverfahren), bei der der Generator frei aufgestellt wird, und für weniger belastbare Dächer ist eine feste Verankerung des Generatorgestells an der Dachkonstruktion erforderlich. Dies gilt auch für die wenig belastbaren Profilblechdächer, bei denen das Generatorgestell fest mit dem Dach verbunden und direkt an dem Blechdach befestigt wird (Bild 4.4.1).

Bild 4.4.1

Die richtige Montage der Gestelle auf Flachdächern ist ein besonders wichtiger Faktor, weil die große Fläche des Photovoltaik-Generators beachtlichen Windkräften standhalten muss.
Beim Schwerlastverfahren kommt für die Flachdachgestelle eine schwimmende Befestigung zur Anwendung, indem Betonelemente für die Anbringung des Generatorgestells ohne zusätzliche Befestigung auf das Flachdach gestellt werden. Zur Beschwerung eignen sich zum Beispiel handelsübliche Gehwegeplatten oder speziell für

diesen Anwendungsfall angefertigte Fundamentplatten, wie zum Beispiel Betonschwellen (Bild 4.4.2). Das Schwerlastverfahren bietet den Vorteil, dass keine Dachdurchdringungen nötig sind. Bei diesem Verfahren muss der Photovoltaik-Generator so schwer bzw. beschwert sein, dass bei maximal zu erwartender Windlast der Photovoltaik-Generator noch fest auf dem Dach aufliegt. Das benötigte Gewicht ist abhängig von der Höhe des Generatorstandortes und seiner Lage sowie den Reibwerten zwischen Gestell und Dachhaut, die sich durch das Unterlegen von Bautenschutzmatten ein wenig verbessern lassen. Darüber hinaus wird durch das Unterlegen von Bautenschutzmatten die Gefahr einer Beschädigung der Dachhaut durch die Betonelemente reduziert. Beim Schwerlastverfahren ist grundsätzlich ein Standsicherheitsnachweis nach DIN 1055 gefordert. Die Betonelemente gehören meist nicht zum Lieferumfang der Montagesysteme, sondern müssen vor Ort, zum Beispiel im Baustoffhandel, beschafft werden. Als grober Richtwert für die zusätzliche Dachbelastung gelten etwa 100 kg je m^2. Die maximale Belastbarkeit eines Flachdaches geht aus der Statikberechnung für die Dachkonstruktion hervor, die in den Bauplänen enthalten sein muss. Bei verschiedenen Dächern liegt das zuvor bezeichnete Gewicht über der statischen Belastbarkeit des Daches. Bei Flachdächern, auf denen Betonplatten oder Kiesschüttungen zur Lagesicherung der Dachdichtung verwendet wurden, können diese eventuell für die Beschwerung des Photovoltaik-Generators dienen. Das Montagegestell kann direkt auf den Platten befestigt werden oder die Betonplatten werden zur Beschwerung von dafür geeigneten speziellen Generatorgestellen genutzt. Im Fachhandel sind für Schwerlastsysteme in Wannenform aus UV-beständigem Kunststoff oder Faserzement erhältlich, in die eine vorhandene Kieslage zur Beschwerung eingefüllt wird (Bild 4.4.3), um das nötige Gewicht zu erhalten, ohne dass sich dabei die ursprüngliche Dachlast wesentlich erhöht. Ein zusätzlicher Vorteil dieser Systeme ist, dass keine

Bild 4.4.2

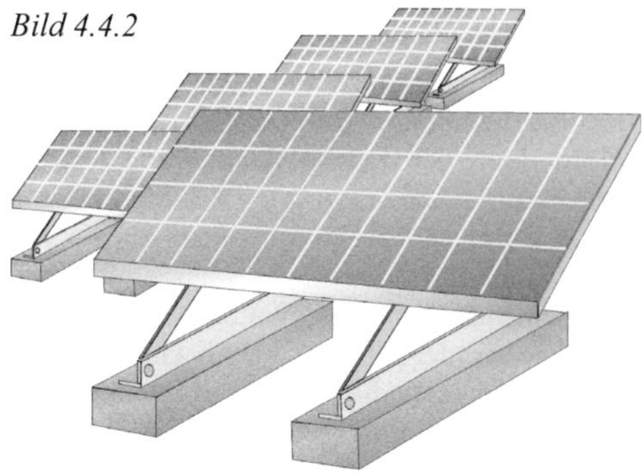

Schwerlastverfahren für eine schwimmende Befestigung mit Betonschwellen

Bild 4.4.3

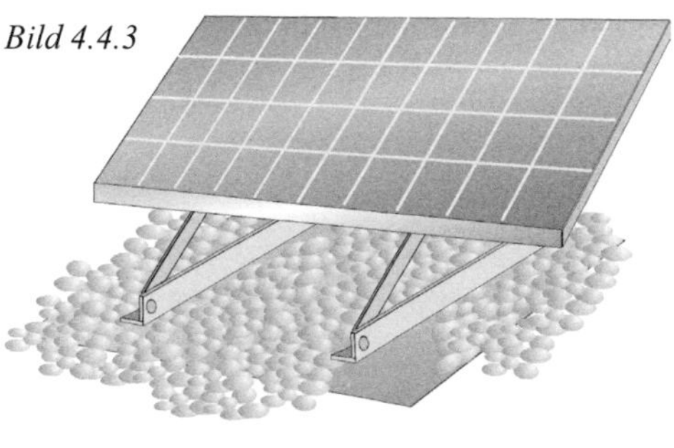

Vorhandenen Kieslage zur Beschwerung des Generatorgestells

schweren Betonelemente oder andere „Ballaststoffe“ auf das Dach transportiert werden müssen. Da die zur Beschwerung geeigneten Materialien bereits vorhanden sind, entfallen auch die Kosten für die Beschaffung und den Transport der Beschwerung. Diesen Vorteil nutzen auch Systeme, die sich für begrünte Dächer eignen. Die Platten des Generatorgestells werden dabei auf die Wurzelschutzfolie gelegt und flächig mit dem Pflanzensubstrat beschwert. Zu beachten ist, dass für die Dachbegrünung nur Pflanzen zum Einsatz kommen, die nicht sehr hoch wachsen, um eine extensive Dachbegrünung zu ermöglichen. Auch bei geringem Höhenwachstum sorgt die Kühlwirkung der Dachbegrünung für einen höheren Energieertrag, weil Oberflächentemperaturen einer begrünten Dachfläche in den Sommermonaten um einige zehn Grad Celsius niedriger sein können als die Temperatur bei nicht begrünten Flachdächern. Kann das Schwerlastverfahren oder eine Dachbegrünung aus statischen Gründen nicht zur Ausführung kommen, muss der Generator fest an der Dachkonstruktion verankert werden. Dafür wird das Gestell auf Traversen montiert, die an der obersten Geschossdecke und/oder an der Dachkrone befestigt werden. Grundsätzlich muss nach dem Durchdringen der Dachabdichtung eine fachgerechte Abdichtung der Verankerungspunkte gemäß den maßgebenden Richtlinien und Normen erfolgen.
Bei der Anlieferung des Photovoltaik-Generators ist auch bei einer kurzfristigen Lagerung des Montagematerials zu beachten, dass die auf das Dach transportierten Lasten großflächig verteilt werden. Vor allem bei der Lagerung eventuell erforderlicher Betonelemente kann die zulässige Dachlast überschritten werden. Beim Transport des Materials und bei der Montage des Photovoltaik-Generators ist besonders darauf zu achten, dass die Dachhaut nicht beschädigt wird, da sie leicht verletzbar ist und dies zu Undichtigkeiten führen kann, die meist enorme Folgeschäden nach sich ziehen.
Der Gestellaufbau wird entsprechend den Herstellerangaben errichtet und nach den Vorgaben der statischen Berechnungen beschwert. Zu beachten ist auch, dass bei besonders hohen Windlasten, die für eine ausreichende Standfestigkeit erforderlichen Gewichte die Tragfähigkeit des Daches nicht überschreiten (siehe Abschnitt 3.14).
Das Verlegen der Leitungen kann nach DIN VDE 0100 unter den Modulen bei offener Leitungsführung erfolgen. Zur Befestigung können die Solarleitungen am Montagegestell mit UV-beständigen schwarzen Kabelbindern verlegt werden. Die Einführung der Leitungen ins Innere des Gebäudes kann je nach den lokalen Gegebenheiten auch an der Gebäudeaußenwand erfolgen. Dazu werden die Leitungen über die Mauerkrone und anschließend durch einen Wanddurchbruch in das Innere des Gebäudes geführt.

Bild 4.4.4

4.5 Generatormontage auf Freiflächen

Wie auf Flachdächern werden auf Freiflächen größere Photovoltaik-Generatoren in mehreren Reihen aufgebaut, zwischen denen der unter 3.9 beschriebene Abstand einzuhalten ist. Photovoltaik-Generatorkonstruktionen für Freiflächen benötigen tragfeste und witterungsbeständige Unterkonstruktionen. Fundamente und Gestelle, die sich für die Befestigung eines Photovoltaik-Generators auf Freiflächen eignen, müssen die am Aufstellungsort möglichen Wind- und Schneelasten aufnehmen können. Dafür ist in der Regel eine statische Berechnung notwendig, aus der sich die zulässige Wind- und Schneelastlast ergibt.

Bild 4.5.1

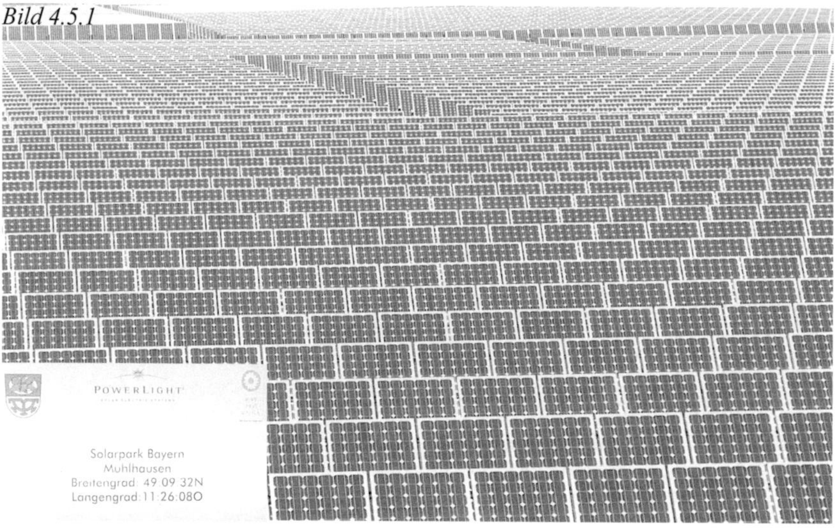

Das Bild 4.5.1 zeigt einige Module des 6,3 Megawatt „Solarpark Bavaria“, in Mühlhausen bei Neumarkt. Die insgesamt 57.618 Solarmodule vom japanischen Marktführer Sharp Typ: „PowerLight NT-5AE3D“ haben eine Leistung von je 175 Wp, auf einer Fläche von 1,6 x 0,8 Meter. Ein Aluminiumrahmen dient zur Befestigung (Bild 4.5.2) und erhöht die mechanische Festigkeit der 17 kg schweren Solarmodule von denen jedes 72 in Reihe verschaltete monokristalline Solarzellen enthält. Das heißt, die Großanlage arbeitet mit über vier Millionen Solarzellen. Zur Erhöhung des Energieertrags werden die Module, einachsig von Ost nach West, der Sonne nachgeführt. Somit kann die Photovoltaikanlage in 20 Jahren 217.000 Megawattstunden über 27 Wechselrichter vom Typ Sinvert solar mit einer Nennleistung von je 340 kVA und 10

Mittelspannungstransformatoren ins öffentliche Netz einspeisen (Bild 4.5.3). Bis zu drei Einzelwechselrichter wurden zu Wechselrichtereinheiten der jeweils benötigten Leistung zusammengefasst, die im so genannten Master/Slave-Verfahren betrieben werden. Entsprechend der Sonneneinstrahlung werden nur diejenigen Einzelwechselrichter aktiviert, die für die Umwandlung des aktuell erzeugten Gleichstroms notwendig sind, um Leerlaufverluste der nicht benötigten Wechselrichter zu vermeiden.

Bild 4.5.2

Als Fundamente werden häufig Einzelfundamente (Bild 4.5.4), Streifen oder Platten aus Beton angebracht, die vor Ort angefertigt werden oder aus Fertigteilen bestehen. Stahl-Schraubfundamente haben gegenüber den Betonfundamenten einen geringeren Flächenbedarf, so dass die Bodenflora zum größten Teil vorhanden und das Geländeumfeld unbeschädigt bleibt. Darüber hinaus entfällt die bei Betonfundamenten übliche Wärmestrahlung, die sich

Bild 4.5.3

negativ auf den Ertrag der Anlage auswirken kann. Zur Montage sind keine aufwändigen Erdarbeiten notwendig und die Fundamente sind nach dem Einbringen ins Erdreich sofort belastbar. Das maschinelle Einbringen der Schraubfundamente kann punktgenau erfolgen. Es ist zudem exakt justierbar, sturmsicher und auch in Hanglagen für alle Bodenarten geeignet. Stahl-Schraubfundamente sollten nach den maßgebenden Richtlinien statisch auf Druck-, Auszugs- und Seitendruckbelastung geprüft sein. Diese Fundamente ermöglichen eine schnelle Errichtung einer Photovoltaik-Großanlage. Mit einer speziellen Eindrehmaschine ist das Einbringen von 30 Schraubfundamenten pro Stunde möglich. Je nach Größe des Photovoltaik-Generators betragen die Einbringtiefen für die

Bild 4.5.4

Bild 4.5.5

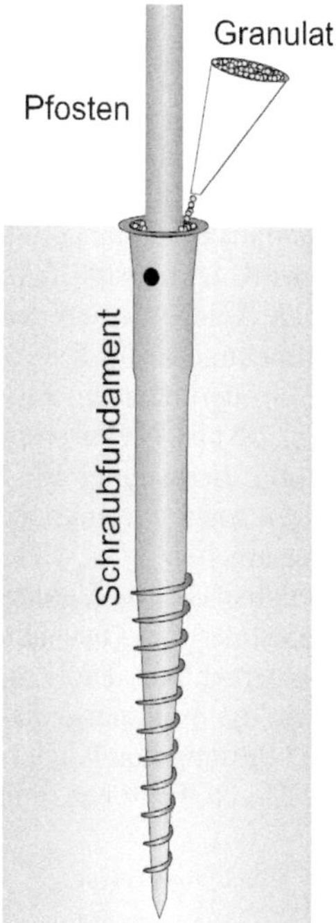

Stahl-Schraubfundamente zwei bis drei Meter. Das Stahl-Schraubfundament wird zunächst mit der Maschine senkrecht in den Boden gedreht. Anschließend wird das Rohr des Photovoltaik-Generatorgestells in das Schraubfundament gestellt, senkrecht ausgerichtet und der Raum zwischen Rohr und Schraubfundament mit Spezialgranulat aufgefüllt (Bild 4.5.5).

Um das Granulat zu verdichten muss mit einem Gummihammer mehrere male seitlich gegen das Rohr geschlagen werden. Weiterhin sind Schraubfundamente nach DIN VDE V 0185-3 zulässige Blitzschutzerder. Die Stahl-Schraubfundamente eignen sich auch für steinige Böden bzw. Erdreich in dem in geringen Tiefen Steine oder Steinplatten vorhanden sind. Frei aufgestellte Photovoltaik-Generatoren sollten zum Boden einen Abstand von etwa einem Meter aufweisen (Bild 4.5.6), um Teilverschattungen durch den Bewuchs von Pflanzen zu vermeiden. Bei diesem Abstand zur Geländeoberfläche kann die Fläche auch zur Schafzucht genutzt werden, so dass die Schafe als natürliche Rasenmäher dienen.

Bei Freiflächenanlagen sollten Modulkoppler und Generatoranschlusskästen (Bild 4.5.7) direkt am bzw. auf der Rückseite des Photovoltaik-Generators angebracht werden. Bei kleinen Freiflächenanlagen erleichtert ein auf der Modulrückseite angebrachter Wechselrichter die Leitungsführung, da für den Anschluss der Anlage nur noch ein übliches Erdkabel zum Beispiel Typ: NYY oder NAYY benötigt wird.

Bild 4.5.7

Bild 4.5.6

5.1 Prüfung der Photovoltaikanlage

Der Errichter einer elektrischen Anlage muss diese vor der Inbetriebnahme prüfen, eventuelle Fehler beseitigen und die Prüfergebnisse in einem Prüfprotokoll dokumentieren. Darüber hinaus sollte ein Übergabebericht und gegebenenfalls eine Mängelliste angefertigt werden, die dem Anlagenbetreiber aushändigt wird. Die Erstprüfung umfasst das Erproben, Messen und Besichtigen der elektrischen Anlage gemäß den Vorgaben der DIN VDE 0100 Teil 610 und Teil 712. Durch Besichtigen wird festgestellt, ob das verwendete Material Schäden aufweist und den Anforderungen am Einbauort entspricht. Außerdem ist durch Besichtigung festzustellen, ob alle Planungsunterlagen bzw. Bestandspläne, Moduldatenblatt, Anlagenschaltbild, Bedienungsanleitung des Wechselrichters usw. vorhanden sind und die Leitungen sowie Stromkreise richtig und dauerhaft gekennzeichnet sind. Für spätere Wartungsarbeiten ist es wichtig, dass bei der Anlage eine ausführliche Dokumentation verfügbar ist. Die Verantwortung für eine normgerechte Errichtung liegt beim Auftragnehmer bzw. bei dem beauftragten und vom VNB zugelassenen Elektroinstallationsunternehmen. Die Prüfungen umfassen vor allem den Personen- und Sachschutz sowie die ordnungsgemäße Funktion der Anlage. Die Messungen können mit den für die Prüfung von Niederspannungsanlagen üblichen Messgeräten ausgeführt werden. Durch Erproben und Messen sind in der Regel folgende Prüfungen durchzuführen:

Wechselstromseite:

- Durchgängigkeit der Schutzleiter, Potentialausgleichsleiter und der am Potentialausgleich angeschlossenen Metallkonstruktionen
- Isolationswiderstand der Leitungen auf der AC-Seite des Wechselrichters
- Schutz durch automatische Abschaltung der Stromversorgung
- Erdungswiderstand der Erdungsanlage im TT-System

Gleichstromseite:

- Isolationswiderstand des Photovoltaik-Generators
- Isolationswiderstand der Gleichstromhauptleitung
- Generator-Leerlaufspannung
- Strang-Leerlaufspannung für jeden Strang

- Strang-Kurzschlussstrom für jeden Strang
- Spannungsfall über jede Strangdiode (falls vorhanden)
- Spannungsfall über jede Strangsicherung (falls vorhanden)
- Durchgängigkeit Potentialausgleichsleiter und der am
- Potentialausgleich angeschlossenen Metallkonstruktionen
- Prüfung des Spannungsfalls
- Funktionsprüfung

Hinweise zu den Messungen:
Vor der Messung des Isolationswiderstands müssen eventuell vorhandene Überspannungsableiter abgetrennt werden. Die Gleichstromseite ist kurzzuschließen, damit anschließend die Isolationsmessung zwischen einem Leiter und dem Potenzialausgleich durchgeführt werden kann. Der einzuhaltendende Isolationswiderstand für Anlagen mit einer Spannung bis 500 Volt muss $\geq$ 500 kΩ sein und für Anlagen mit einer Spannung von 500 Volt bis 1000 Volt ist ein Isolationswiderstand von $\geq$ 1000 kΩ gefordert.
Die Messung der Generator-Leerlaufspannung erfolgt bei freigeschalteter Anlage durch Spannungsmessung zwischen Plus und Minus. Die Messung des Kurzschlussstroms erfolgt bei Anlagen mit Strangdioden im kurzgeschlossenen Zustand der Anlage parallel zur Strangdiode. Bei Anlagen ohne Strangdioden werden die Strangsicherungen entfernt und Stränge einzeln durchgemessen. Um bei Anlagen mit Strangdioden die Differenz der Strangspannungen zu messen, wird die Anlage freigeschaltet und eine Spannungsmessung vor der Diode durchgeführt. Bei Anlagen ohne Strangdioden werden die Strangsicherungen entfernt und Differenzspannungen zu Strang 1 gemessen.

Die Spannungsmessung am AC-Ausgang des Wechselrichters wird bei geöffnetem Schalter auf der Wechselstromseite bzw. bei unterbrochenem Netzanschluss durchgeführt. Aufgrund der Netzüberwachung darf keine Spannung am Wechselrichter anliegen! Die Prüfung der Netzüberwachung ist bei Wechselrichtern mit ENS nicht unbedingt erforderlich, da die ENS vom Hersteller einzeln geprüft werden. Darüber hinaus ist der Umfang der Prüfungen von den Vorgaben des örtlichen Netzbetreibers abhängig.

Zur Protokollierung der Prüfung geeignete Vordrucke sind beim Zentralverband des deutschen Elektrohandwerks (ZVEH) erhältlich und können über das Internet unter www.zveh.de angefordert werden. Zu beachten ist, dass bei Anlagen, die mit öffentlichen Geldern vom Land und/oder Bund gefördert werden die vom Geldgeber geforderten Formulare zu verwenden sind.

5.2 Anlagenbetrieb

Nur Photovoltaik-Anlagen, die störungsfrei arbeiten, ermöglichen einen maximalen Energieertrag. Um eventuelle Fehler rechtzeitig zu erkennen, ist eine regelmäßige Kontrolle der Photovoltaikanlage notwendig. Besitzt der Anlagenbetreiber gute Kenntnisse über die Funktion der Anlage, kann er auftretende Betriebsstörungen erkennen und selbst beheben oder eine Instandsetzung veranlassen. Ohne regelmäßige Kontrolle können Störungen lange Zeit unerkannt bleiben und Ertragsverluste verursachen. Bei größeren Photovoltaikanlagen ist eine regelmäßige Wartung bzw. der Abschluss eines Wartungsvertrages zu empfehlen. Für Anlagen ohne elektronische Datenerfassung sollte eine Tabelle angefertigt werden, in die das Datum und der Zählerstand des Einspeisezählers wöchentlich oder zumindest monatlich eingetragen werden. Anhand der Werte kann der Anlagenbetreiber Teilausfälle durch zurückgehende Erträge erkennen. Darüber hinaus ermöglicht diese Tabelle eine langfristige Überwachung der Photovoltaikanlage sowie einen Vergleich der Energieerträge für die interessanten Zeiträume. Der Betrieb einer Photovoltaikanlage läuft vollautomatisch über den Wechselrichter. Bei aufgehender Sonne beginnt der Wechselrichter automatisch mit der Netzeineinspeisung und betreibt den Photovoltaikgenerator den ganzen Tag mit optimalen Wirkungsgrad. Reduziert sich die Leistung des Photovoltaikgenerators bei Sonnenuntergang, beendet der Wechselrichter automatisch die Netzeinspeisung. Bei auftretenden Netzstörungen schaltet der Wechselrichter automatisch ab und nimmt seinen Betrieb bei stabilem Netz wieder auf. Die Betriebszustände des Wechselrichters werden über integrierte Leuchtdioden oder über ein Display angezeigt. Der Einspeisebetrieb kann zum Beispiel durch eine grüne LED, und eine Störung durch eine rot leuchtende LED signalisiert werden. Alle für den Anlagenbetrieb wichtigen Details müssen in der Bedienungsanleitung enthalten sein.
Eine gute Kontrolle über den Betrieb der Photovoltaikanlage ermöglicht zum Beispiel ein am Wechselrichter-Eingang angeschlossenes Ampere- und Voltmeter sowie ein zusätzlich am Wechselrichter-Ausgang eingesetztes Wattmeter (Bild 5.2.1). Die so eingesetzten Messgeräte lassen die aktuelle Leistung der Anlage und auch Fehlfunktionen erkennen. Messgeräte zur Spannungs-, Strom- und Leistungsmessung sind im Handel auch als Verteilereinbaugeräte erhältlich.

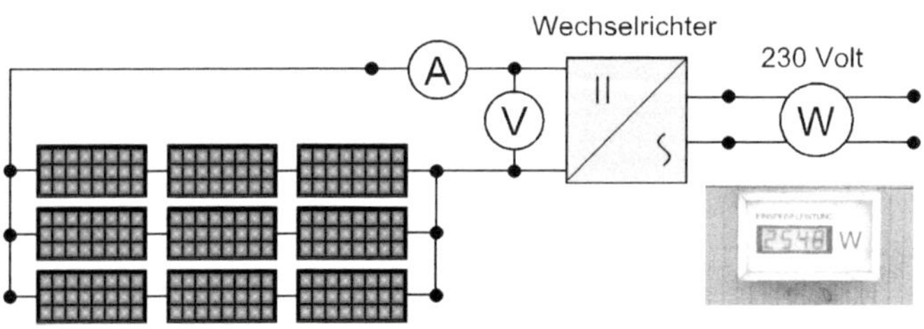

Bild 5.2.1

5.3 Wartung und Störungsbeseitigung

Bei fachgerechter Installation ist die Betriebsstörung einer Photovoltaikanlage verhältnismäßig selten, so dass der Solarstrom jahrelang fehlerfrei in das öffentliche Netz eingespeist werden kann. Der Defekt eines Solarmoduls ist sehr unwahrscheinlich und eher die Ausnahme. Weitaus häufiger ist der Ausfall eines ganzen Solarmodulstrangs. Umso größer die Photovoltaikanlage ist, umso mehr Klemmstellen befinden sich in der Anlage. Aus diesem Grund kommt es meist in Großanlagen, in denen zwangsläufig sehr viele Klemmstellen und Steckverbindungen vorhanden sein müssen, zu einem Strangausfall als Folge schlecht ausgeführter Anschlüsse. Ordnungsgemäß beschriftete Gleichstromleitungen führen in diesem Fall zu einer wesentlichen Erleichterung der Fehlersuche und zu einer schnelleren Instandsetzung der Photovoltaikanlage. Fehler in der Gleichstrominstallation können durch eine Prüfung entsprechend dem Abschnitt 5.1 lokalisiert werden.

Häufiger treten Schäden an Wechselrichtern auf. Fehler am Wechselrichter sind an der Betriebsanzeige des Geräts zu erkennen. Aus diesem Grund sollten diese auch regelmäßig kontrolliert werden. Speist der Wechselrichter nicht mehr ein, muss die Ursache nicht immer ein Gerätefehler sein. Vor allem Zentralwechselrichter mit hoher Leistung verfügen über eine Isolationsüberwachung, die den Widerstand auf der Gleichstromseite zwischen den Gleichstromleitungen und dem Erdpotential ständig überwacht. Bei einer Unterschreitung des zulässigen Isolationswiderstandes signalisiert der Wechselrichter den Isolationsfehler und schaltet ab. Ein Isolationsfehler muss umgehend behoben werden, da bei dieser Fehlerart lebensgefährliche Berührungsspannungen auftreten können.

Ein Erdschluss bzw. ein Isolationsfehler kann nicht nur durch fehlerhafte Gleichstromleitungen oder beschädigte Module, sondern auch durch thermisch überwachte Varistoren, die viele Hersteller serienmäßig in ihren Geräten einsetzen, verursacht werden. Die Plus- und Minusleitung ist jeweils über einen Varistor gegen den PE geschaltet. Diese Bauteile haben die Aufgabe den Wechselrichter vor atmosphärischen Überspannungen, die sich zum Beispiel als Folge von Blitzferneinschlägen ereignen, zu schützen. Nach mehrfachen energiereichen Belastungen der thermisch überwachten Varistoren können diese niederohmig werden oder sich vom Netz abtrennen, so dass die Schutzfunktion entfällt. Dieser Zustand wird vom Wechselrichter als Fehler signalisiert. In der Regel ist mindestens einer der beiden Varistoren defekt und muss entsprechend den Vorgaben des Herstellers ausgewechselt werden. Liegt ein Defekt von mindestens einem der Varistoren vor, empfiehlt es sich beide Varistoren, die Sie nur beim Wechselrichterhersteller beziehen können, zu ersetzen. Aus Sicherheitsgründen wird dringend empfohlen, die Behebung eines Isolationsfehlers oder das Auswechseln der Varistoren nur von einer Fachkraft durchführen zu lassen.

5. Prüfung, Betrieb und Wartung

In Anlagen mit einem Zentralwechselrichter wird eine Störung oft nur dadurch bemerkt, dass der Energieertrag wesentlich unter den Erträgen früherer Monate oder Jahre liegt. Bei älteren Photovoltaikanlagen, die bereits seit einigen Jahren in Betrieb waren, kann als Alternative zur Reparatur auch ein Austausch des Wechselrichters gegen ein neueres Modell in Erwägung gezogen werden, weil sich durch den besseren Wirkungsgrad, den ein Wechselrichter der neueren Generation bietet, der Anlagenertrag erhöhen kann. Vor den Reparaturarbeiten muss der Wechselrichter auf beiden Seiten freigeschaltet werden. Zu beachten ist, dass nach dem Öffnen des Gleichstrom-Hauptschalters die Eingangsklemmen des Wechselrichters aufgrund des eingebauten Kondensators noch für mehrere Minuten unter Spannung stehen.

Grundsätzlich sind Photovoltaikanlagen wartungsarm. An den Solarmodulen sind im Normalfall keine regelmäßige Wartungs- oder Reinigungsarbeiten erforderlich. Die Solarmodule müssen nur gereinigt werden, wenn außergewöhnliche Verschmutzungen, zum Beispiel durch Ausscheidungsprodukte von Tauben usw. die Module stark belasten. Normaler Schmutz, wie zum Beispiel Blütenstaub, der sich auf Solarmodulen ablagert, wird vom Regen abgewaschen. Langzeituntersuchungen an bestehenden Anlagen haben ergeben, dass die Ertragseinbußen einer Photovoltaikanlage bei der die Module nicht gereinigt werden, vernachlässigbar gering sind.

Abhängig von der Anlagengröße kann ein Wartungsvertrag sinnvoll sein und für einen optimalen Kundenservice sorgen. Art und Umfang des Wartungsvertrags sind dabei von der Anlage und den individuellen Wünschen des Anlagenbetreibers abhängig. Das Angebot der Elektroinstallationsunternehmen reicht von der normalen Wiederholungsprüfung über den Vollservice bis hin zur Fernüberwachung, die besonders für größere Anlagen zu empfehlen ist, um eine schnelle Fehlererkennung und eine kurzfristige Instandsetzung zu ermöglichen.

Grundsätzlich ist auch bei größeren Reparaturen darauf zu achten, dass die Stillstandszeiten der Anlage so kurz wie möglich sein sollten, um zu hohe Ertragseinbußen zu vermeiden.

5.4 Betriebsdatenerfassung

Die Signalübertragung zwischen dem PC und einem oder auch mehreren Wechselrichtern kann über die vorhandene 230-Volt-Netzleitung mit einem im Wechselrichter integrierten Powerline-Modem und mit einem Steckermodem für den PC erfolgen. Das heißt, es sind keine zusätzlichen Datenleitungen notwendig. Der PC kann an beliebiger Stelle aufgestellt sein, da der Wechselrichter seine Daten über die Netzsteckdose übermittelt. Voraussetzung für einen störungsfreien Betrieb ist, dass die Wechselrichter als auch das PC-Steckermodem an dem gleichen Außenleiter des Hausnetzes angeschlossen sind oder gegebenenfalls ein Phasenkoppler eingebaut wird, der mittels spezieller Kondensatoren die drei Außenleiter zur Übertragung „hoher" Frequenzen miteinander verbindet. Der Phasenkoppler ermöglicht die Kommunikation im gesamten Hausnetz. Phasenkoppler sind im Fachhandel erhältlich und werden in einem Stromkreisverteiler installiert.

In Niederspannungsnetzen, die im hohen Maß mit hochfrequenten Störungen belastet sind, kann die Datenübertragung bei einem kurzen Leitungsweg (10 m) über eine separate Leitung erfolgen, um fehlerhafte Datenübertragungen zu vermeiden. Für kurze Leitungswege eignet sich die serielle Schnittstelle RS 232 (com-Schnittstelle) zur Datenübertragung von einem Wechselrichter zum PC.

Bei längeren Leitungswegen und dem Einsatz von mehreren Wechselrichtern sollte der Datentransfer über eine RS 485 Schnittstelle erfolgen, die das Signal so aufbereitet, dass eine störungsfreie Datenübertragung über mehrere hundert Meter problemlos möglich ist. Über einen Schnittstellenwandler wird das Signal kurz vor dem PC von der RS 485-Schnittstelle auf die RS 232-Schnittstelle oder auf USB umgesetzt und mit dem PC bzw. Computer verbunden.

Sollte eine Powerline-Verbindung und das Verlegen einer Datenleitung vom Wechselrichter zum PC nicht möglich sein, bietet die drahtlose Verbindung über das ISM-Band auf 868 MHz eine geeignete Alternative für die Datenübertragung vom Wechselrichter zum PC. Wie bei der Datenübertragung über die RS 485-Schnittstelle wird auch bei der Datenübertragung per Funk das Signal kurz vor dem PC umgesetzt und über USB zum PC weitergeleitet (Bild 5.4.1). Darüber hinaus bieten die meisten Wechselrichterhersteller auch Zusatzgeräte bzw. Systemkomponenten an, die eine weltweite Übertragung der Wechselrichterdaten über das Internet ermöglichen.

Im Normalfall führen die Wechselrichter-Hersteller die zur Datenübertragung erforderlichen Systemkomponenten als Zubehör, das die passende Verbindung zum PC herstellt und auch nachträglich in den Wechselrichter eingebaut werden kann.

Bild 5.4.1

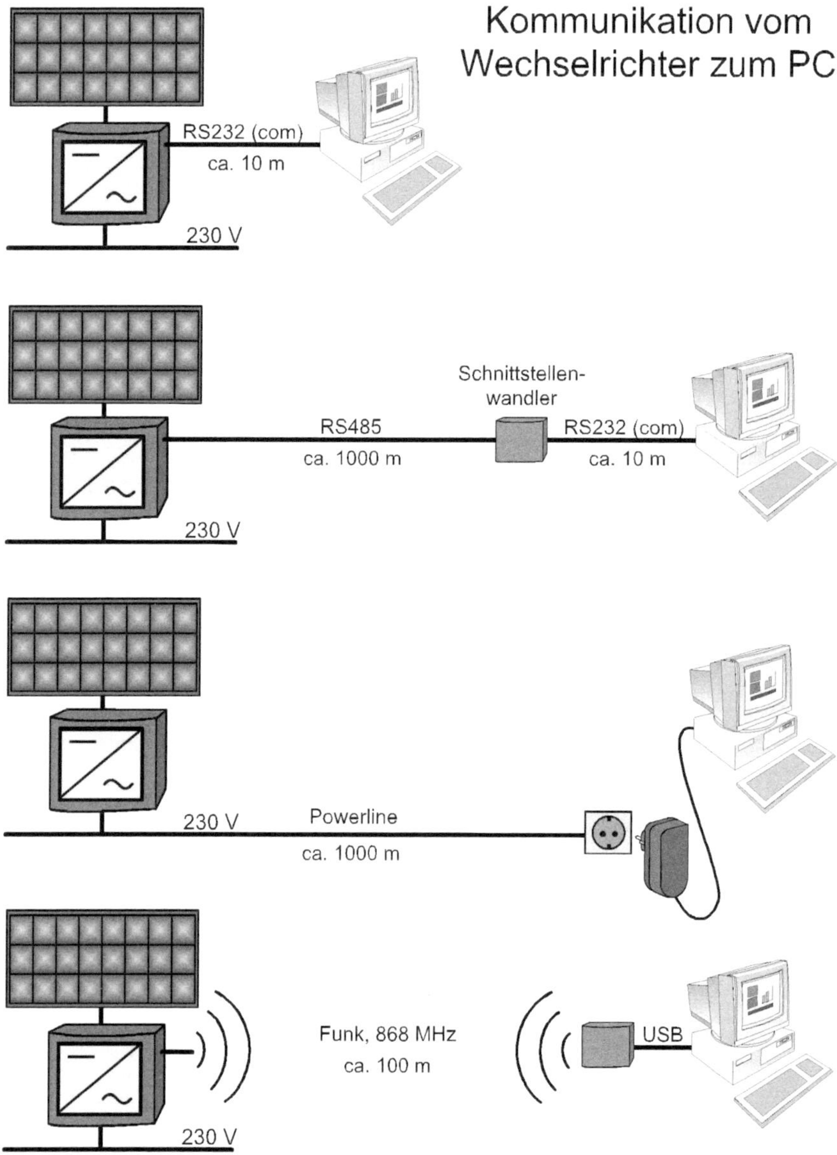
Kommunikation vom Wechselrichter zum PC
RS232 (com)
ca. 10 m
230 V
Schnittstellen-wandler
RS485
ca. 1000 m
RS232 (com)
ca. 10 m
230 V
230 V
Powerline
ca. 1000 m
Funk, 868 MHz
ca. 100 m
USB
230 V

6.1 Herstelleradressen

Solarmodule:

Aleo Solar GmbH,
Oldenburg (Niedersachsen)
www.aleo-solar.de

BP Solar
Hamburg
www.bpsolar.de

ErSol Solar Energy AG
Erfurt (Thüringen)
www.ersol.de

Evergreen Solar Inc. (USA)
www.evergreensolar.com

Helios
s.r.l. (Italien)
www.helios.it

Isofoton (Spanien)
www.isofoton.com

Kaneka Solar-tech Co. Ltd. (Japan)
www.kaneka.com

Kyocera Corporation (Japan)
www.kyocerasolar.de

Mitsubishi Electric Corporation (Japan)
www.global.mitsubishielectric.com

Phaesun GmbH (Indien)
www.phaesun.com

RWE Schott Solar
Alzenau (Bayern)
www.rweschottsolar.de

Scheuten Solar Technology GmbH
Gelsenkirchen (Nordrhein-Westfalen)
www.scheutensolarsystems.nl

Sanyo
(Japan)
www.sanyo-
service.com/de/profile/solarark.asp

Sharp Electronics Corporation
(USA)
www.sharpusa.com/solar

Shell Solar GmbH
München
www.shellsolar.de

Solar Factory GmbH
Freiberg (Sachsen)
www.solarfactory.de

Solara AG,
Wismar
(Mecklenburg-Vorpommern)
www.solara.de

Solarfabrik AG,
Freiburg (Baden-Württemberg)
www.solarfabrik.de

Solarwatt Solar-Systeme GmbH
Dresden (Sachsen)
www.solarwatt.de

SolarWorld AG,
Bonn
(Nordrhein-Westfalen)
www.solarworld.de

Solon AG,
Berlin
www.solonag.de

6. Anhang

Solarzellen:

ASE Americas, Inc.
4 Suburban Park Drive, USA-MA
01821 Billerica
www.asepv.com

AstroPower Inc.
Europe and Middle East,
300 Executive Drive, USA-19702
Newark www.astropower.com

Ersol Solar Energie AG
Konrad-Zuse-Straße 15
D-99310 Erfurt
www.ersol.de

EUROSOLARE S.p.A.
Via A. D'Andrea, 6
I-00048 Nettuno
(Roma) ITALIA
www.eurosolare.com

HELIOS TECHNOLOGY SRL,
Via Postumia 11,
I-35010 Carmignano di Brenta
www.heliostechnology.com

Kaneka Corporation
3-2-4,Nakanoshima, Kita-ku
JP-530-8288 Osaka, Japan
www.kaneka.co.jp

Mitsubishi Heavy Industries
5-1 Marunouchi 2-Chome
JP-100-8315 Chiyoda-ku Tokyo Japan;
www.mhi.co.jp/index.html

PHOTOWATT International SA
33, rue Saint-Honoré - ZI Champfleuri,
F-38300 BOURGOIN-JALLIEU
www.photowatt.com

Q-Cells AG
Guardianstr. 16
D-06766 Thalheim
www.q-cells.com

RWE Solar GmbH
Theresienstraße 2
D-74072 Heilbronn
www.ase-international.com

Sharp Electronics (Europe) GmbH
Sonninstrasse 3
D-20097 Hamburg
www.sharp-eu.com

Sinonar Corporation
8 Prosperity Road 1
Industrial Park - Hsinchu
Taiwan, R.O.C.
www.sinonar.com.tw

Solterra SA
Via Milano, 7
CH-6830 Chiasso
www.solterra.ch

Sunways AG
Macairestraße 5
D-78467 Konstanz
www.sunways.de

Würth Solar GmbH & Co. KG
Ludwigsburgerstr. 100,
D-71672 Marbach am Neckar
www.wuerth-elektronik.de

Astec GmbH,
Am Röthenbühl 7
92348 Berg bei Neumarkt, Opf.
www.solarbusiness.de

Wechselrichter:

Fronius International GmbH
G.-Fronius-Strasse 1
A-4600 Wels-Thalheim
www.fronius.com

Aixcon Elektrotechnik GmbH
Steinfurt 26
D-52222 Stolberg
www.aixcon.de

ASP AG,
Hauptstrasse 36B
CH-8637 Laupen
www.asp-ag.com

Atersa Valencia
Pol. Industrial,
C/ Camí del Bony 14
E-46470 Catarroja, Valencia
www.atersa.com

EXENDIS b.V.
Keesomstraat 4
NL-67160)318 AB Ede
www.exendis.com

Gunsolar,
Johann-Hinrich-Fehrs-Str. 31a
D-24623 Großenaspe
www.gunsolar.de

KACO Gerätetechnik GmbH, Kreuzäckerstr. 35
D-74081 Heilbronn
www.kaco-geraetetechnik.de

Mastervolt Solar
Snijdersbergweg 93
NL-1105AN Amsterdam Z.O.
www.mastervolt.de

NKF Electronics
Zuidelijk Halfrond 4
NL-2801 DD Gouda
www.nkfelectronics.com

Philips Lighting B.V.
Holstlaan 4
(bld. WAE)
NL-5656 AA Eindhoven
www.philips.com

Siemens AG, ZNL Braunschweig Abteilung I&S IS,
FranfurterStraße 3d
D-38122 Braunschweig
www.siemens-photovoltaik.de

Skytron energy
Paul-Lincke-Ufer 41
D-10999 Berlin
www.skytron-energy.com

SMA Regelsysteme GmbH
Hannoversche Strasse 1-5
D-34266 Niestetal
www.sma.de

Solar-Fabrik AG
Munzinger Str. 10
D-79111 Freiburg
www.solarfabrik.de

Sputnik Engineering GmbH
Ginsterweg 2
D-78333 Stockac
www.solarmax.com

STUDER INNOTEC
Rue des Casernes 57
CH-1950 Sion – Schweiz
www.studer-inno.com

6. Anhang

Laderegler:

Steca GmbH,
Mammostrasse 1
D-87700 Memmingen
www.stecasolar.de

Atersa Valencia,
Pol. Industrial
C/ Camí del Bony, 14
E-46470 Catarroja, Valencia
www.atersa.com

HECKER
Rödergasse 3
D-08289 Schneeberg
www.hecker-aue.com

IBC Solar AG
Am Hochgericht 10
D-96231 Bad Staffelstein
www.ibc-solar.de

Mastervolt Solar
Snijdersbergweg 93
NL-1105AN Amsterdam Z.O.
www.mastervolt.de

MSTE Meyer Solar Technologie
Salemer Str. 36
D-88697 Bermatingen
www.mste-solar.de

STUDER INNOTEC
Rue des Casernes 57
CH-1950 Sion – Schweiz
www.studer-inno.com

Solarwatt Solar-Systeme GmbH
Dresden (Sachsen)
www.solarwatt.de

PV-Nachführsysteme:

DEGERenergie,
Hochbergstraße 60
D-71260 Horb a.N.
www.degerenergie.de

Spiegler GmbH
Altheimerstr. 56
D-89547 Gerstetten-Heuchlingen
www.spiegler-solar.de

PV-Montagesysteme:

Donauer Solartechnik
Pertinger Straße 1a
D-82131 Gauting
www.donauer-solar.de

Alfasolar Vertriebsgesellschaft mbH
Calenberger Str. 28
D-30169 Hannover
www.alfasolar.de

ALTEC Solartechnik,
Industriegeb. 1
D-07924 Crispendorf
www.altecsolar.de

ANGELE Maschinenbau
Bahnhofstr. 23
D-88416 Ochsenhausen
www.angele.de

Ecosolar Solarstromanlagen
Dechenstraße 17
D-40878 Ratingen
www.ecosolar.de

Ernst Schweizer AG
Metallbau, Am Waldfeld 27
D-65812 Bad Soden;
www.schweizer-metallbau.de

Krinner Schraubfundamente GmbH
Passauer Str. 55
D-94342 Straßkirchen
www.krinner.com

Jürgen Kiefer GmbH & Co. KG
Goldbergstraße 25
D-35216 Biedenkopf/Breidenstein
www.kiefer-stanztechnik.de

Osmer Elektrotechnik GmbH
Alter Postweg 7
D-28865 Lilienthal
www.osmer.li

Phönix SonnenStrom AG
Hirschbergstrasse 8
D-85254 Sulzemoos
www.SonnenStromAG.de

Ralos Vertriebs GmbH,
Regenerative Energiesysteme
Werner-von-Siemens-Str. 90
D-64711 Erbach
www.ralos.de

REES GmbH & Co.KG
Schneefangsysteme
Im Steinach 25a
D-87561 Oberstdorf
www.rees-oberstdorf.de

Schletter GmbH,
Leichtmetallbau
Heimgartenstr. 41
D-83527 Haag i. OB.
www.Schletter.de

Solarwerkstatt Lemgo GmbH
Steinstoß 1
D-32657 Lemgo
www.solarwerkstatt.de

Soltech GmbH
Rachheide 12
D-33739 Bielefeld
www.solartechniken.de

PV-Installationsmaterial:

Multi-Contact, Deutschland GmbH
Hegenheimer Straße 19
D-79551 Weil am Rhein
www.multi-contact.com

NKF Electronics,
Zuidelijk Halfrond
NL-2801 DD Gouda
www.nkfelectronics.com

EVA-Laminat:

ETIMEX
Primary Packaging GmbH
Martin-Adolff-Str. 44
D-89165 Dietenheim
Telefon: 07347 67-0

PV-Messtechnik:

TRITEC Energie GmbH
Habsburgerstraße 4
D-79104 Freiburg
www.tritecenergie.de

OTRONIC GmbH & Co. KG
Schörenbergstr. 20
D-59939 Olsberg;
www.info@otronic.de

PV-Engineering GmbH
Reinickendorfer Str. 2
D-58642 Iserlohn
www.pv-engineering.de

Solarsoftware:

DGS LV Berlin-Brandenburg e.V.
Forum Seestraße 64
D-13347 Berlin
www.dgs-berlin.de

Dr. Valentin EnergieSoftware GmbH
Köpenicker Str. 9
D-10997 Berlin
www.valentin.de

Econzept, Energieplanung GmbH
Wiesentalstr. 29
D-79115 Freiburg
www.econzept.de

Greenius s.l.
E-04720 Aquadulce
www.greenius.de

Luxea GbR, Softwareentwicklung
Binshofstraße 28
D-66740 Saarlouis
www.luxea.de

KACO Gerätetechnik GmbH,
Kreuzäckerstr. 35
D-74081 Heilbronn
www.kaco-geraetetechnik.de

SMA Regelsysteme GmbH
Hannoversche Strasse 1-5
D-34266 Niestetal
www.sma.de

Fronius International GmbH
G.-Fronius-Strasse 1
A-4600 Wels-Thalheim
www.fronius.com

Bezugsquellen, Komponenten und Bauteile:

Conrad Electronic
Klaus-Conrad-Str.
92530 Wernberg-Köblitz
www.conrad.de

ELV-Elektronik
26787 Leer
www.elv.de

Reichelt Elektronik
26452 Sande
www.reichelt.de

Farnell InOne GmbH
Keltenring 14
82041 Oberhaching bei München
http://de.farnell.com/

Westfalia Technik
Industriestr. 1
58083 Hagen
www.westfalia.de

Max Pferdekämper
Wünnefeld 6
58706 Menden
www.pferdekaemper.de

Azubi-Lehrmittel
Hutschenreutherstr. 4
92601 Weiden
www.azubi-lehrmittel.de

Beck Solartechnik GmbH
Gutleuthofweg 42
69118 Heidelberg
www.beck-solar.de

Hersteller-Übersicht:

Solarzellen:

Sharp, Q-Cells, Kyocera, BP Solar, Solar World/Shell, Mitsubishi, RWE Schott, Motech, Suntech, CEEG PV Tech, Isofoton, Astropower, ErSol Solar Energy, Photowatt, Microsol Power, ASE Americas, Eurosolare, Helos Technology, Kaneka, Sinonar, Sunways, Solterra, Würth Solar, Ikarus Solar, Gedemo, GP Solar, Astec,

Produktionskapazitäten der größten Solarzellenhersteller (in Megawatt pro Jahr)

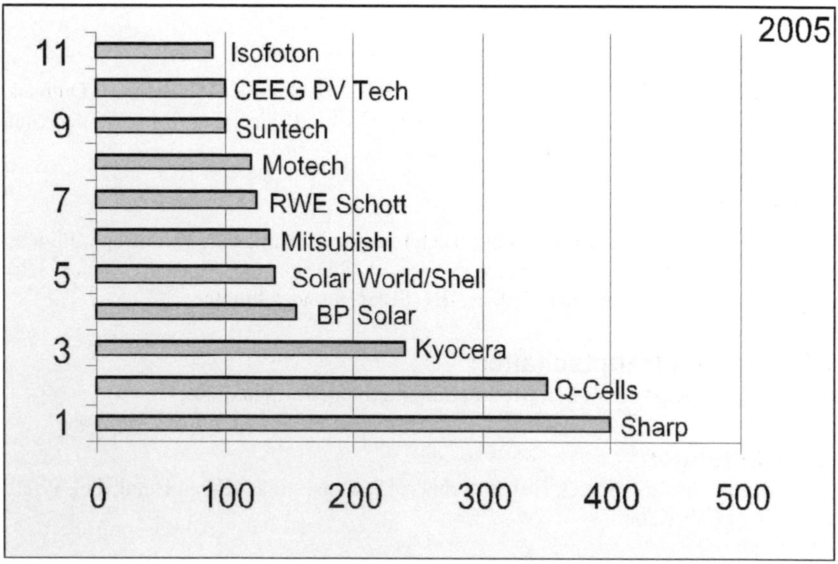

Solarmodule:

3S, AET, aimex solar, aleo, alfasolar, Allwitra, Antec Solar, Astro-Power, Atersa, Atlantis, Axitec, Bekaert, BHEL, BIC, Biohaus, Blitzstrom, Blue Sun Systems, BP Solar, BRAAS, Buderus, Conergy, Dunasolar, Energie Bau, EniTechnologie, ErSol, Eurosolare, Evergreen Solar, First Solar, GPV, GranitSystem, GSS, Heckert Solar, Heisterholz, Helios, IBC, Inowatt, Isofoton, Kaneka, Kyocera, Lafarge, Linuo, MHH, MHI, Microsol, Mitsubishi, MSK, Naps, Nau, Newtec, Pfleiderer, Phönix Sonnenstrom, Photovoltech, Photowatt, PVT Austria, Ralos, Rathschenk, Roto Frank, RWE

Schott Solar, Sanyo, Scheuten, Schüco, Sharp, Shell Solar, Silliken, S-I-Z, Solar for People, Solara, Solar-Fabrik, Solarstocc, Solartec, Solarwatt, SolarWorld, Solon, Solterra, SPN, Sunline, Sunset, Suntech, SunTechnics, Thyssen-Solartec, Total Energie, United Solar, Van de Loo, Viessmann, Würth Solar, ZRE.

Netzgeführte Wechselrichter:

Aixcon, ASP, Atersa, Conergy, Gunsolar, Dorfmüller, Elettronica Santerno, Exendis, Fronius, G & H Elektronic, Jngeteam, Kaco, Karschny, Kyocera, Magnetek, Mastervolt, NKF Electronics, Pairan, Philips, Phoenixtec, RES, Siemens, SMA, Solar-Fabrik, Solar Konzept, Solarstocc, Skytron energy, Solarworld, Solon, Solutronic, Sputnik, Stunder Innotec, Sun Power, Sunset, Sunways, Total Energy, UfE, Victron, Würth Solergy, Wuseltronik, Xantrex, ACE, Conergy, Elettronica Santerno, Energetica, Kaco, RES, SatCon, Siemens, SMA, Solar Konzept, Sputnik, Xantrex.

Inselwechselrichter:

ACR, ASP, FEG, Fronius/Steca, Ingeteam, IVT, Mastervolt, Microtberm, Outback, Panelectron, PDA, Power Master Technology, ProWatt, Siemens, SMA, Studer, Sun-Power, Trace, Victron Energy, Wagan, Xantrex.

Laderegler:

ATT TBB, Mastervolt, Meyer Solar Technologie, Morningstar, Heliotrope, Phocos, Reusolar, Schams Electronic, Steca, Solarwatt, SunSelector, SunWare, Trace, Uhlmann Solarelectronic, Atersa, Hecker, IBC Solar, Stunder Innotec,

Gleichstrom-Hauptschalter:

ABB, AEG, Klöckner Möller, Merlin, Santon, Siemens, Winkhaus.

Solarleitungen:

Lapp,-Kabel, Multi-Contact, Huber+Suhner, Siemens, Solar-Kabel, Helukabel, Pirelli Kabel, ConCab-Kabel.

Modulsteckverbindungen:

Hirschmann, Huber+Suhner, Multi-Contact, Tyco.

Solar-Akkumulatoren:

Akku Gesellschaft, BAE, Bären, Bayern Batterie, Deutsche Exide, Hawker, Hoppecke, Mastervolt, Moll, Swisssolar, Varta.

Fundament- und Montagesysteme für Freiflächenanlagen:

Krinner Schraubfundamente GmbH, Passauer Str. 55, D-94342 Straßkirchen

Flachdachmontagesysteme:
Alfasolar, Altec Solartechnik, Biohaus, Conergy AG, Donauer, Edelstahl Büchele, Energiebau Solarstromsysteme, HaWi Energietechnik, EWS, IBC, MHH, MP-Tec, natürlich Zenkel & Lauterbach, Osmer, Phönix Sonnenstrom, Ralos, RegTec, Schletter, Schoenau, Schüco, SE-Consulting, Solara, Solar-Fabrik, SolarMarkt, Solarstocc, Solarworld, Soltech, Solvis, Sunset, Total Energie, Wagner, Ubbink Econergy, VM Edelstahltechnik, ZinCo

Aufdach-Montagesysteme:
Alfasolar, Altec Solartechnik, Alustand, Beck Solartechnik, Biohaus, Conergy, Corus Bausysteme, Creaton, Deger Energie, Donauer, Ecosolar, Edelstahl Büchele, Energiebau Solarstromsysteme, Elektro Spiegler, EWS, HaWi Energietechnik, IBC, Krauss, MHH, MP-Tec, Modersohn, NAPS, natürlich Zenkel & Lauterbach, Nelskamp, Osmer, Phönix Sonnenstrom, Ralos, Ricom, RegTec, Schletter, Schüco, SE-Consulting, Siblik, Solara, SolarMarkt, Solarstocc, Solarworld, Soltech, Solvis, Sotec, Sunset, Temtec, Total Energie, Ubbink Econergy, VM Edelstahltechnik, Wagner & Co.

Nachführsysteme:
Concept Engineering, C.W.P., Deger Energie, Elettropiemme, Kroschl Solartechik, Schletter, SPT Solar Power Tower, Solar-Trak.

Solarschmuck:
SolArt,
produziert Schmuckstücke aus Silber mit polykristallinen Solarzellen.

6.2 Nützliche Internetadressen

Fachzeitschriften:

www.sonnenenergie.de
Sonnenenergie
Verbandszeitschrift der Deutschen Gesellschaft für Sonnenenergie
Solarpraxis-Verlag

www.photon.de
Photon
Solar Verlag GmbH

www.bva-solar.de
Sonne, Wind und Wärme
Bielefelder Verlagsanstalt GmbH & Co. KG

www.ErneuerbareEnergien.de
Erneuerbare Energien
Sun Media-Verlag GmbH

www.energiedepesche.de
Energiedepesche
Bund der Energieverbraucher e.V.

Bild 6.10.2

ne.-bwe@t-online.de
Neue Energie
Verbandzeitschrift des Bundesverbandes Erneuerbare Energie e.V.

www.solarthemen.de
Solarthemen
Freies Redaktionsbüro für Umwelt- und Zukunftsfragen GbR,

www.eurosolar.de
Solarzeitalter
Eurosolar Verlag

www.sfv.de
Solarbrief
Solarenergie-Förderverein Aachen

Informationsdienste:

www.cleanenergy.de

www.energie-ist-gruen

www.energieportal24.de

www.iwr.de

www.mysolar.com

www.solarcontact.de

www.solarenergie.com

www.solarinfo.de

www.solar-na-klar.de

www.solarportal24.de

www.solarserver.de

www.sonnenenergie.de

www.top50-solar.de

www.solarintegration.de

Bild 6.10.1

Solarförderung:

www.solarfoerderung.de

www.solarrechner.de

Verbände und Vereine:

www.bsi-solar.de
Bundesverband Solarindustrie e.V.

www.dgs-berlin.de
Deutsche Gesellschaft für Sonnenenergie e.V.

www.dgs.de
Deutsche Gesellschaft für Sonnenenergie e.V.

www.solarwirtschaft.de
Unternehmensvereinigung Solarwirtschaft e.V.

Forschung und Fachinformationen:

www.bine.fiz-karlsruhe.de
Informationsdienst BINE, Fachinformationszentrum Karlsruhe

www.fv-sonnenenergie.de
Forschungsverbund Sonnenenergie

www.solid.de
Solarenergie Informations- und Demonstrationszentrum

www.solarbundesliga.de
Die Solarbundesliga ist eine gemeinsame Initiative der Solarthemen-Redaktion und der Deutschen Umwelthilfe e.V. www.duh.de

www.solarintegration.de
Das Informationsportal wendet sich vorrangig an Architekten, die die Integration einer Photovoltaikanlage in ein Bauprojekt erwägen. In praxisorientierten Themenbereichen gibt es ihnen Argumente, Planungshilfen und Beispielprojekte in die Hand, mit denen sie sich an ihren Bauherren wenden können.
Das Portal informiert in drei wesentlichen Bereichen:
Wissen gibt einen umfassenden Überblick über die aktuelle Entwicklung der Solararchitektur. Hintergrundwissen zu solarer Elektrotechnik und Anlagen-Bauteilen wird übersichtlich und allgemein verständlich vermittelt. Die technischen Fakten werden ergänzt durch Gesetze und Normen. Besonders nützlich für die Argumentation des Architekten gegenüber dem Bauherrn ist ein kritischer Frage-Antwort-Bogen, in dem gängige Vorurteile gegenüber der Solarenergie-Nutzung widerlegt werden. Daneben begründet diese Seite faktenreich, welchen Beitrag eine PV-Anlage zum Klimaschutz leisten kann. Unter der Rubrik **Gestalten** werden die gestalterischen Möglichkeiten solarer Bauelemente vorgestellt und anhand ausgewählter Projekte illustriert. Hier kann sich der Architekt - geordnet nach bestimmten Parametern - eine umfangreiche Auswahl an Zelltypen anzeigen lassen, die derzeit am Markt erhältlich sind. Der Info-Bereich **Bauen** bietet bautechnische Lösungen und Details zur Integration solarer Elemente. Ob PV-Verglasung, PV-Module an Fassaden, Dachintegration oder PV-Module mit Sonnenschutzfunktion – dem Einsatz von Solartechnik sind in architektonischer Hinsicht kaum Grenzen gesetzt. Unter „Bauen" werden außerdem Fragen zur Elektrotechnik einer PV-Anlage – zum Beispiel zum Netzanschluss – beantwortet. Solarintegration.de wird von der Unternehmensvereinigung Solarwirtschaft e.V. betrieben. An dem Projekt sind führende Solar-Unternehmen beteiligt: BP-Solar, Sunways, SolarNova, Biohaus usw. Die Unternehmen bieten spezielle Produkte für solare Architektur an und stellen im Informationsportal Referenzobjekte aus dem Bereich Solarintegration vor.

6.3 Weltstromverbrauch und Solarstromeinspeisung in Deutschland

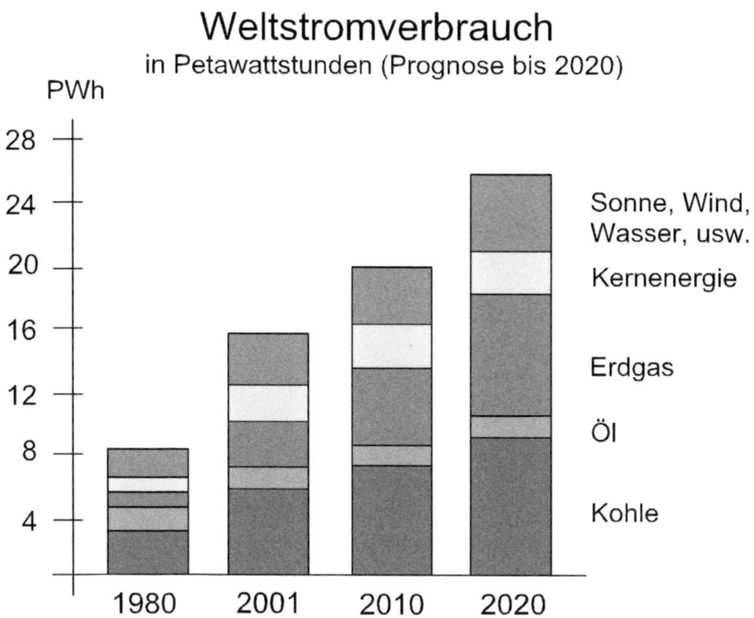

Quelle: IEA

Netzeinspeisung durch Solarstrom in Deutschland

Jahr	Netzeinspeisung	
	insgesamt (GWh)	prozentual
2001	76	0,01 %
2002	148	0,03 %
2003	294	0,05 %
2005	571	0,10 %
2030	11.000	2,20 %

Quellen: VDN und PGfDM